U0168855

因为简单
所以丰盛

理想的日用饮食

［法］多米尼克·洛罗 著

张之简 译

生活·讀書·新知 三联书店

图书在版编目（CIP）数据

因为简单 所以丰盛：理想的日用饮食／（法）多米尼克·洛罗著；
张之简译. —北京：生活·读书·新知三联书店，2020.8
ISBN 978 - 7 - 108 - 06785 - 2

Ⅰ. ①因…　Ⅱ. ①多…②张…　Ⅲ. ①烹饪－方法
Ⅳ. ① TS972.1

中国版本图书馆 CIP 数据核字（2020）第 016150 号

责任编辑　徐国强
装帧设计　薛　宇
责任校对　曹忠苓
责任印制　卢　岳
出版发行　**生活·讀書·新知** 三联书店
　　　　　（北京市东城区美术馆东街 22 号 100010）
网　　址　www.sdxjpc.com
图　字　01-2017-7290
经　销　新华书店
印　刷　北京隆昌伟业印刷有限公司
版　次　2020 年 8 月北京第 1 版
　　　　　2020 年 8 月北京第 1 次印刷
开　本　880 毫米×1230 毫米　1/32　印张 7.125
字　数　70 千字
印　数　0,001－6,000 册
定　价　38.00 元

（印装查询：01064002715；邮购查询：01084010542）

CONTENTS [目录]

暴饮暴食是罗马人的一种恶习，但我却很高兴节制饮食。对于我的饮食，也许除了我的性急而外，埃尔莫热纳没有任何需要我改变的，因为不管在什么地方，也不管是什么时候，只要菜一端上来，我就狼吞虎咽地一饱了之。

　　　　　　　　　——玛格丽特·尤瑟纳尔，《哈德良回忆录》①

　　① 玛格丽特·尤瑟纳尔（Yourcenar, Marguerite, 1903—1987），法国诗人、作家，法兰西学院女院士。本段译文摘自《尤瑟纳尔文集·哈德良回忆录》，陈筱卿译，东方出版社，2002年，第8页。——译者注

前言

> 除非能够指导我们的实际行为，否则一切人类知识都没有价值。
>
> ——伊壁鸠鲁

当今社会商品过剩，能够满足人类的幸福生活：精神和艺术享乐、消遣、繁荣的食品买卖……然而各种数据却不断地显示，精神抑郁、压力过大、感觉生活无望和过度肥胖的人士日渐增多。

现代人为什么落到这步境地？原因并不复杂：日益严重的消费狂热。消费社会到来之前，每个人都依赖自家菜园、饲养场、田地的出产或是渔猎得来的食物果腹。头上拥有片瓦，木柴足够烧火，每星期能休息一天，人们便知足常乐。

但如今，社会让我们成了病人，把我们造成消费机器和难填的欲壑，将来也是一样。维生素、保健品、安眠药、减肥药以及其他因为不健康的生活而出现的产品，都是这贪得无厌的"机器"的组成部分。我们全然忘记了，对这些产品的依赖使得我们变成投机和营利的对象，变得心智幼弱，唯命是从，甚至连孩子都不如。为什么我们要如此任人摆布？为什么我们明知这样的生活和消费方式造成我们的不幸，却依然乐此不疲？良知和常识去哪儿了？

众所周知，我们的苦恼，大多是源于在选择填塞头脑、心灵和胃口之物的时候，日渐丧失自身的准则。我们大力鼓吹回归自然，却忘记自然首先存在于自身，而且它并非注定导致我们身材臃肿、脂肪堆积、精神紧张或感到不幸。为什么要毁弃生命的厚礼，却在精神和身体上作茧自缚？

在饮食和其他方面，重新发现明智的准则并不困难：减少饮食，仅食用优质食品，自己烹饪食物，在时间充裕和心情愉悦的状态下进食，尤其不能把饮食赋予过多名不副实的重要性。永远要牢记，进食的首要目的是维持身体和精神的健康，从而达到更高一层的觉悟。

　　相比于各种毒素和维生素，生命的精神和喜悦对健康的影响更大。人需要新鲜空气、阳光、纯净的水和锻炼，同样需要深刻的感受、友谊、爱、精神和心灵的愉悦，还有美。同样一个三明治，在两次约会中间匆忙吞咽对身体多么有害，在开满水仙花的田野里铺上花格子苏格兰毛毯，从容不迫地品味它又是多么有益！

　　尼采曾说，自由就是具有自我负责的意志。因此每个人要暴露自身缺点，才能更好地克服缺点，醒悟过来，不再屈服于恐惧。大夫和心理医生无法解决高额负债的问题，不能让见异思迁的爱人浪子回头，也无法阐释生命的意义。这些知识只能从我们自身得来。太多的人感到生命空虚，不堪重负，原因不仅在于他们沉浮于周围无尽的、肤浅而短促的活动和乐趣，还在于他们的自身积累了过多的脂肪和毒素。然而，自我感觉的"适宜"，就是消除一切过度负担，也就是领悟到如下的道理：在生活中，有起就有伏，有涨潮就有退潮！我们能掌控和守护的，只有我们的身体和精神。只有我们自己才能真正照顾和认识它，也只有我们才能认清自己的饮食喜好，自己的体质、品位、渴望和心思。

　　饮食如同音乐：有人喜欢肥鹅肝和莫扎特、汉堡包和鲍勃·马利（Bob Marley），有人喜欢安静和斋戒。不过，他们都用自己的方式来进食，符合自己的内心原则或理想。

发现你自己。设想你独自一人坐在电影院，灯光熄灭，周围一片漆黑。你焦急又满心欢喜地等待着，因为你知道随时将在大银幕上出现一个巨大的形象，这是你尽善尽美的自我，焕发着健康的光芒，这个三维立体的自我按照自己的选择来移动、说话、颤动、嬉笑、进食和烹饪。这种体验可以帮你考问，现在的生活是不是适合你，这个大银幕上的你是否和现实中的你一样。只有创造自己的梦，才能不再活在别人的梦中，不再因为无法改变自己而绝望。

我们自身有能力恢复身体原初应有的体形，可以自由选择仅仅食用对身体有益的食物，告诉自己："少吃一点就够了。身体是我的，生活是我的。"

比起外在的乐趣，内心的适宜感更能激励大脑朝着希冀的方向前行。吃得少而精致，自己动手烹饪食物，在愉悦的心情下进食，或许这就是更加美好的生活的第一个秘方：更自由和轻松地生活。

1. 重新发现饥饿和饱足

何为饱足？

> 就餐或进食之前，要自我倾听，发现自己的真正
> 欲求，避免蹈袭旧例。
>
> ——营养学家阿里亚纳·格伦巴赫
>
> （Ariane Grumbach）

既要享受美食，又不失朴素的原则——这不正是每个人的

隐秘欲望？不失望、有节制，不过度也不乱来，津津有味、细嚼慢咽地吃下我们选择的食物，这并非无法实现，但我们也不是天生就会，需要重新学习。中庸与克制的年代久已远去，因为我们生活在一个食物随处可见和俯首可得的时代。

进食既不是一种不得已的传统，也不是条件反射，而是我们维持生命的重要行为。因此务必找到自己的饮食准则。凭借自我限制或瘦身节食，人们无法获得慰藉。相反，在饥饿时进食，并且恰恰足以消除饥饿，这时才能找到某种平衡。不过要实现这一点，还需要让胃口回归正常，让它重新学会感受饥饿和饱足。要给身体留出时间来发出恳求！

饱足是一种感觉，是不再感到需要进食。在某种程度上说就是不饿的状态。那么，我们为何常常吃下过多食物，超出身体所需？

在有的人身上，饥饿和饱足是天生的感觉，可以调节他们的胃口。不过还有很多人，虽然饥饿感是与生俱来的，胃口却复杂得多。身体失去了天生的标记，需要进行康复训练，才能想起消化食物的感觉，那是在之前进食结束后所感受到的。重新学习饮食，确乎是很多现代人面临的现实，它提醒我们，并非由饥饿感所驱使的进食，几乎，甚至完全不会带来饱足感，因此也谈不上快乐！

感受饥饿

"您怎么保持苗条身材的？用什么方法节食？"

"什么方法都没有。我只是感到饿才吃东西，不饿就不再吃。"

体会饥饿和饱足的感觉，首先要学习辨认何时饥饿、何时饱足。也就是说，感觉不到饥饿，就不进食，哪怕恰逢早餐和午餐的时间。因为，在不饿时进食，是毫无快乐可言的暴饮暴食。

把节食减肥抛诸脑后，数月之间谢绝丰盛饮馔，身体将感到更加舒泰，并获得一种本能：大脑不用发出指令，"我应该吃这个，蛋糕让人发胖……"身体自己就会拒绝，很简单，因为它不想再摄入让自己变得沉重的食物。当你告诉自己想吃东西，就问问胃部是否饿得咕咕叫。如果是这样，就询问它的需求：甜的还是咸的？大分量还是小分量？换换不一样的活动？呼吸一下新鲜空气？它会告诉你此刻需要什么。首先，相信你的身体。

如何找回饱足感?

> 倾听和尊重自己的饥饿和饱足感,是长期保持适
> 当体重、避免任何挫折感的唯一方式。身体具有一种
> 神奇的调节能力,只需要听取它发出的信号。
>
> ——阿里亚纳·格伦巴赫

适度的饱足是一种模糊状态,与感到"心满意足"的完全
饱足状态不同。后者通常是因为人们在并不真正饥饿的时候吃
东西,而且没完没了地吃!如果动物胃部被塞满,它就不再进
食。3 岁以下的婴儿"吃饱"后也不再吃了。恰是从 3 岁起,
即便胃部已经填满,他也像成人一样继续吃下去。在所有生物
中,只有人类不会本能地知道什么时候该停下来。当满足胃部
需求后,他往往还感到胃部空空如也,想获得更多满足。是不
是因为忧虑?因为心里明白无法确保稳定的食物来源?仿佛有
人低声向他耳语:"能吃多少吃多少,能吃多久吃多久。这个

世界如此不安全，快乐如此脆弱！最大限度地享受进食的乐趣吧。" 美国社会学家认为，肥胖者非常看重食物的外在特征（气味、口味、滋味、期待中的快感……），而且更大的食量导致他们饱足的临界点变得更高。欲望取代饥饿，他们通常渴望高脂高糖类食物。然而问题在于，失去饥饿感的同时，也失去饱足感，这意味着没有理由停止进食，只能继续吃下去。

要找回生理和精神的感知信号，唯一的办法是重新找到真正的饮食乐趣，改变进食方式，尤其要避免狼吞虎咽。因为，花二十分钟的时间来咀嚼和吞咽，才能让大脑给身体发出信号，告诉后者，你已经吃饱了。要想在这二十分钟内尽量少吃，秘诀就是细嚼慢咽（"硬质"食物就凸显其重要性了）。有位印度医生向我建议，在试图吞下每一口食物时，不急不忙地再咀嚼一次。他说，仅凭这个技巧就能在一年内减肥好几公斤……他还警告我小心脂肪和糖，因为这些食物只能产生很浅的饱足感。

选择多样化的食谱以减少饮食

如果我们选择优质的食谱，就会惊喜地发现我们只需要吃很少的食物，这真是太棒了！

——甘地（Gandhi）

任何医生都不否认，多样而全面的食谱能够建立心理和生理上的平衡。要警惕提出如下建议的食谱："你可以吃足够多的某种食物，完全取消另一种食物的摄入。"有的食谱排除了碳水化合物，有的排除了脂肪，还有的排除了糖分。然而这些食谱都缺失了一条至关重要的理念：食物的"多样化"。摄入多样化的食物，才能防止厌倦感和减少饮食量，并且可以在享受少食的乐趣和感受身心的适宜之间找到平衡点。因为，如果在两餐之间饥肠辘辘，就算非常享受地少食也是毫无意义的。

吃零食是否合理？

与传统的营养学观点相悖，如果早上没有丝毫饥饿感，没有人必须吃早餐。

——阿里亚纳·格伦巴赫

在这个问题上争论很多！有饿意的时候必须吃点东西，千万不要等到饥饿难忍的时候，到那时候你几乎无法控制进食的质量。对待饥饿的最好方法就是进食。然而适度的饥饿匹配适度的饮食。通常喝一杯酸奶或吃几片饼干就可以。如果饥饿感稍烈，那就需要更能填饱肚子的食物，例如火腿三明治、蔬菜拌通心粉（不要加肉丁、奶酪、黄油、法式酸奶油之类）、一小块鸡腿肉……等你下一次真的感到饥饿时要尝试一下，只吃几口食物就足够消除饥饿并感觉适宜。切记不要在无意识的情况下吃零食：对你吃下的零食心知肚明，就是对吃零食方式的改变。

这样可能开启一个学习过程：让身体适应有规律的饮食。根据人的生物钟，身体需要大约 5 小时来让细胞清除它们在某次进食后的一个小时内囤积的脂肪。如果在两次进食的间隙，给身体组织 5 小时的小小禁食时间（即使吃个苹果或在咖啡里加糖也会打破禁食），我们就能够瘦下来或保持身材。最难处理的是，不能进食过少以避免 5 小时内过于饥饿，也不能进食过多。然而，心里清楚将在几个小时后进食（而且是在已经确定的钟点）有很多益处：不仅可防止发胖，也会让头脑摆脱萦绕不去的进食想法。在真正饥饿的状态下（以及愉悦的心情下）

用餐，一劳永逸地把进食时间固定在几个钟点上，这就把自己的生活变得简单了。如果你的时间表不规律，可以试着准备一份可携带的简餐（例如在特百惠购买的三明治和沙拉），在某个"正常"的时间段（12—14 点、18—20 点）用餐。

既然吃零食，不妨遵循艺术原则

前文已经阐明，进食要有固定时间，不能没有规律，但是吃零食不必让人产生愧疚感。要消除愧疚感，只需接受和承认自己的"放肆"，吃都吃了，不如有所收获！因此要把吃零食变得艺术：开一盒饼干的时候，总要沏一壶茶。哪怕只想吃一两片饼干（你是了解自己的，对吧？），也要放在漂亮的碟子里。这番"郑重其事"或许会让你惊奇地发现，自己不会干掉一整盒饼干，也不存在胡吃海塞的情况，而是度过片刻惬意的时光。假如忽然想吃点奶酪或香肠，也要这样做：首先把所有食物放在一只盘子里，切开面包，准备自己最喜欢的饮品，正襟危坐，然后再开动。你要悠哉悠哉，乐在其中，不慌不忙，细品慢咽，因为只有如此才能平复心绪。不过脑中要始终牢记这句话："饱腹之后，人并不会更加快乐。"别忘了，万事开头难，但是以乐观的态度来对待就会事半功倍。都说坏习惯是第二天性，好习惯其实也不难养成！

蛋白质让人产生饱腹感

> 只要有鱼，就永远不会饿肚子。
>
> ——日本青森县古谚

很多古老格言都开了现代营养学的先河！有的食物让人满足，有的让人胃口大开。人们已经知道最让人产生饱腹感的是蛋白质（肉类、鱼类、蛋类、豆类），而且比糖类和脂肪类食物更能持久。因此除了法国人之外，还有很多民族喜欢在早晨食用蛋类、火腿或鱼肉，这并不让人感到惊讶！

如果你想吃点儿非但不会让人发胖，而且有减肥效果的东西，可以试试下面的菜肴：

· 一块脂肪含量极低的煎牛排；

· 水煮蛋搭配抹少许果酱的吐司；

- 一盘小扁豆（或做汤或做沙拉，可以配香肠；小扁豆等豆类是日本医生的推荐茶点，因为它们既能饱腹又对身体非常有益）；一块脂肪含量极低的奶酪［羊奶酪、芭比贝尔（Babybel）奶酪等］；

- 一片脂肪含量极低的冷餐肉（一块鸡腿肉、一小块煮熟的牛肩肉等）搭配少许芥末酱；

- 一块直接烤制或用锡纸包裹烤制并加入作料的鱼肉；

- 一小份即食菜肴（比蛋白棒等东西健康得多）。

2. 如何让胃恢复本来大小

只有瘦下来才能吃得少。

——日本谚语

胃有多大？

这个问题真可笑，看到我们在这个奇怪的问题上犹豫不决，猫咪恐怕会如此想！它显然很想回答我们："这当然取决于你的胃能装多少东西！"我们也很想反驳："那怎么才能知道呢？"

我们的脑中一团乱麻，我们的选择和饮食方式杂乱无章，计算卡路里的方法非常复杂，因为多吃还是少吃而患得患失，真是一言难尽！

胃的本来大小约略相当于攥紧的拳头。但是胃部具有扩张性，可以扩张到 5 倍容量。它与我们的饮食习惯相适应，无法在撑满的时候发出信号。因此一定要恢复胃的本来大小。

在壁橱里找一只与你的拳头一样大的碗。这样就明白你的胃究竟多大。做个比较，女人的胃与一只小柚子差不多大小，男人的胃差不多相当于一只大柚子。这有助于你弄清楚一顿易消化的餐食有多大分量。

用一公斤韭葱弄清胃的原本大小

> 如果身体不提要求，就连一粒米都不要吃。
>
> ——加泰罗尼亚谚语

在今天，是否还可能运用这样的智慧？日本人一切都讲究尺度：几十年前还在使用的一个基本量器叫作"枡"（masu），是一个柏木做的方盒，容量恰为180毫升。主妇根据家里人口多少用这个方盒测量要煮多少米，男人则在酒馆里用它测量要喝多少清酒。时至今日仍然这样点酒："请来一枡。"在市场里买豆子或海螺的时候也用几"枡"来表示。所有东西的分量都清清楚楚。日本人的肥胖率不高，因为他们尊重传统和适度原则。

同样，妻子的饭碗和茶杯也比丈夫的略小。因此在某些餐馆，给女人上的菜比给男人的分量稍小。

想恢复胃的原本大小，你要（重新）习惯只吃自己一"碗"的量（医学上用"食团"①来指胃中的食物，似乎不是偶然）。为此，你要在两三天之内接受"强迫性"限制，适度保持胃部松弛。为了让你"不走弯路"，我借用《不发胖的法国女性》②一书作者米雷耶·吉里亚诺（Mireille Guiliano）提供的方法：按照下面的食谱，利用一个周末的时间就能让事情走上正轨：

- 把 1 公斤韭葱在 1.5 升的淡盐水中煮沸，再用文火煮 25 分钟；
- 把葱白和葱叶取出，每 2—3 个小时喝一小碗葱水。星期六午餐、晚餐及星期日午餐时，浇少许橄榄油和柠檬汁把葱吃掉，也可随喜好撒盐、胡椒或欧芹碎末；
- 星期日晚上，食用 125 克肉或鱼，搭配浇上一些黄油或食用油的蒸蔬菜。

---

① 食团的法文为 bol alimentaire，bol 同时有"碗"的含义。——译者注

② *Ces Françaises qui ne grossissent pas*，Paris：Michel Lafon，2005.

到了星期一，你会发现胃口已经变小了。

（注意，这个世代相传的老秘诀也完全适用于各种肠胃紊乱或暴饮暴食引起的不适。）

断食的益处

> 禁食仿佛形单影只散步于满天繁星下。我们要独
> 自迈出第一步。
>
> ——唐纳德·阿尔特曼（Donald Altman），
> 《心灵膳食的艺术》（*Art of the Inner Meal*）

距幸福还有 10 公斤？你是否考虑过断食？很多宗教都鼓励断食。你可以从 24 小时的短暂禁食开始。结束禁食后你会觉得食物更加美味。

很多人经常进行断食，或在三天到十天的时间内仅食用一种食物。所有尝试者都声称身体得到了放松；他们还认为，禁食一段时间——当然只能是不长的时间——比一直正常吃饭更让人感到舒服。断食，无论在精神还是身体上，都让人感到排

空各种淤塞，拥有不凡的自由和放松感。断食能够清洁污浊的消化系统，减少体内积水，减轻脂肪堆积给关节造成的痛苦。断食也是恢复胃部原本大小的一种激烈措施，经过一段时间的禁食，胃口会变小。

进行一次 24 小时断食的最佳时间段是从中午 12 点到第二天中午 12 点——跳过一次晚餐和一次早餐，在次日午餐前不吃任何食物。这样的断食可以形成习惯，并提供一个机会来观察我们平常的饱和状态。在一天之内仅食用水果的短时间断食也是非常合适的。

在乘坐飞机进行长途旅行时，也可以进行断食。飞机上的餐食往往不尽人意，而且高翔于天际线也让人断绝了其他的欲望！飞机抵达后，你的身体器官将重新感到振作，精神更加集中，你将更加自如地对待口腹之欲和各种情绪。你将能够游刃有余地思考自己的真正所爱，反思对于饮食的放纵。

3. 不是减肥，而是自控

不强迫，不放纵

> "师父，请指示解脱之道！"
>
> "谁拴住你了？告诉我！"师父问道。
>
> "没有人。"徒弟回答。
>
> "那你为什么要解脱？"
>
> ——亨利·布吕内尔（Henri Brunel），
>
> 《禅宗故事集》（*Contes zen*）

自由绝非不存在自我限制，反而是在自我限制中实现更大的自由。设置自我限制（时间表、饮食分量）是懒惰、"缺乏意志力"和决心不坚定的人的最佳选择。在日本，医院会收治某些人，训练他们适应新的饮食规则。在住院期间，患者（可能是糖尿病人）每天参加烹饪课程，学习估算自己的食物定量，制定自己的食谱，更重要的是让身体"记住"保持健康的必要规则。医生必须保证病人出院时真正适应新的生活方式。

在西方国家，自律方式的发展较为落后。人们认为，如果一个人意识到他在个人事务上所拥有的足够宽阔的空间，他将自我约束，实现减肥目标。然而，如果某人抱着希望进入心仪足球俱乐部的想法而接受严苛的食谱，这并不是在学校里学会的那种上课纪律，也不是适用于生活中各个方面的纪律。相反地，日本人身上的那种纪律是从小作为一种内在价值而去学习的；在他的全部生活中都占有一席之地，其目标是让他拥有自律能力，最终在他从事一切事务时都成为一个自律的人。

在西方，自我克制（self-control）具有守旧色彩，但在亚洲（例如在武术里）却被视为最珍贵的价值。不过，西方人时常抛诸脑后的伊壁鸠鲁主义（épicurisme）却拥有相同的原则基础：少食才能获得其他乐趣。饮食质朴不等于减肥餐。减肥的人有双重的幸福感：他不仅感到身轻体健，也感受到对自我的控制。他的欲念和行动之间再无抵牾，身心实现交融。他消除了对外界的依赖感，内心坚信自己能够面对任何处境，因为他拥有内在的自控力。换言之，他感到自由、独立和自主。在个人感受上，自我克制应该成为与自我不可分割的决策，而不是来自外界的制约。

首先要测量体重

　　体重测量是第一步。体重秤是最好的帮手。有的营养学家
不建议使用体重秤，而推荐使用皮尺和合体的牛仔裤。但是为
了保持自我清醒，避免陷入完全放任自流的境地，最保险的办
法还是每天测量体重。哪怕体重秤显示增加了一公斤的体重，
一个人在一天之内也不可能增加一公斤脂肪。可能是因为饭菜
太咸导致喝水过多，也可能是消化不良……但如果几天后发现
自己确实增重了，你就要开始减少饭量。反之，哪怕略微的体
重减轻，对我们而言也是最好的鼓励，让人喜不自胜。与目标
有偏差而产生的挫折感，是幸福快乐的一大劲敌。唯一的解决
办法是鼓起勇气测量体重，不管在一天、一周还是一个月之内
体重多了多少，都要逐日记录体重。把体重秤放置在显眼的地
方，找一个有空隙做记录的、双页的整年日历。"白纸黑字"的
反馈表会激励你，让你跟踪自己的成功和失利。通常只需要几
天时间就能适应。对于培养斗志来说，这几天尤其重要。这是
一场争分夺秒、时不我待的"斗争"，不过，当体重秤显示体重
减少了几百克的时候，你会勇气倍增。

在节食方面不能过于僵化

禁止会带来失落，不能把任何食物妖魔化。每个人都可以愉快而毫无负疚感地享受美食。

——阿里亚纳·格伦巴赫

过度的控制会导致放纵行为。但是恢复平衡要循序渐进。就像风中摇曳的竹子，灵活柔顺才能永不断裂。"不全则无"是一种僵化行为，是危险而脆弱的。要有女人那样的灵活，不要像军人那样驯服。你可以拥有自己的原则和"黄金法则"。如果喜欢巧克力，每天可以吃一小块，但不要多吃。遵循原则是好的，制定自己的原则就更好了。要想在生活中有所进步，就要忠实于自己的选择并坚持下去。其中的秘诀就是，做出能够带来快乐的选择！

为什么不给自己制定"临时"准则，比方说先制定为时一个星期的，然后再决定是不是执行下去？你可以尝试一个星期的蛋白质早餐——鸡蛋、酸奶、火腿片或瘦肉，搭配一杯无糖的茶或咖啡——取代平时的早餐，观察一下自己的感受。偶尔打破常规总是让人感觉棒极了。周末可以享受一顿早午餐，鸡蛋、烤面包、果酱等。平时就吃得简单些，比如一杯咖啡或酸奶。自己进行尝试找到适当的方法，这是最为宝贵的。探索饮食得宜的方法所需要的时间越久，随之而来的幸福感就越自然和根深蒂固。身体渐渐学会把这些良好的做法保持下来，即使有些小小的逾矩，身体仍旧会自然而然地恢复给它带来最佳状态的饮食。只需要改变某些习惯，你就会不知不觉减去几公斤体重。用水煮蛋代替煎蛋，用牛肉代替猪肉，牛奶选用脱脂产品，用两片全麦面包代替短棍面包，用一杯佳酿代替两杯普通的葡萄酒，用柠檬调味汁和少许油取代含油量过高的传统酸醋调味汁，用蒸鱼代替煎鱼……

放松和灵活

意识到并发展自我的内在财富，才能降低对饮食的贪欲，而不是规行矩步地限制自己的欲求。减肥是一次脱胎换骨，只有凭借自我的决心，而不是依赖医生或周围人士的要求，才能获得成功。

——阿普费尔多费尔医生（Dr. Apfeldorfer），

《减肥要旨》（*La Clé des kilos en moins*）

我们随时可以改变生活方式，开启全新的生活。改变的力量在于我们自身，坚信这一点，是自我改造的基础。很多时候只需要小小的顿悟，就可以本能地回归正轨，重燃恢复身材的愿望。没人能解释这顿悟来自哪里，但它就像变戏法儿一样神奇。有时候，绝望（通常由于过度肥胖或身体不适）和跌落谷底的感受迫使我们最终下定决心振作起来，就像游泳者触到泳池的底部，便用力蹬腿重新浮出水面一样。

当你意识到自己需要减肥，需要重新掌握自己的健康，你就行走在正确的道路上了。最重要的是，不要把你的决定推迟到明天，而是在内心燃起信念的此时此刻就开始行动。如果找到一种不必遭受痛苦就能减肥的方法，你取得成功的希望将大大增加。

两天放松，两天弥补

戒律之路通往自由。

——伊纳亚特·汗（Inayat Khan），

《天籁手记》（*The Gayan: Notes from the Unstruck Music*）

　　放纵口腹之欲之后，便吃得清淡些，这是自然而然的饮食方式：每个人都拥有良好的调节饮食的能力，有一两天饮食过量（体重略有增加），随之而来的一天或几天便吃得少些，体重会再次降下来。允许自己放松，这是正常的，不过放纵自己也是有原则的，那就是："两天放松，两天弥补。"

　　如果你真喜欢时不时放纵一下自己，那就要动动脑筋。如果你厌倦了没有油水的汤羹，为什么不在汤里加点黄油或帕尔马干酪？不要一个劲儿地吃果酱。如果你忍不住想吃一两个羊角面包，一定要提醒自己，一只羊角面包所含的脂肪超过四分之一个黄油长棍面包。如果"破戒"了，就享受这小小的不过分的乐趣吧。从长远来看，这些妥协让事情变得完全不一样了。缓慢而坚定地改变你的坏习惯，珍惜自己，把选择食物的自由完全交给自己。

确立自己的"黄金法则"

　　　　吃得好，吃得适宜。

——莫里哀箴言

怎样保卫你真正独有的财富，也就是自己的身体？身体是你唯一的依靠。你知道自己真正需要什么吗？你真的清楚自己的快乐所在，并且能够坚定地说"不，我不要这个，我可以选择不全部吃完，只享用对我更有益的东西"吗？愉快地享用喜欢和有益的食物，这当然十分重要，但是要确立自己的原则。无论身处什么环境，是独自一人还是两人相处，和家人还是其他朋友在一起，平时还是周末，在家里还是出门在外，都要遵守这些原则。作为全世界最优雅的女人，杰奎琳·肯尼迪（Jacqueline Kennedy）有一条从不打破的规矩：一杯茶、一杯果汁和一片不抹黄油的面包，这就是一顿早餐。然而，她可能面对无数奢侈丰盛的早餐的诱惑……

拥有自己的原则，并不意味着要过粗茶淡饭的日子。饮食的方式多种多样，也都不失其有益之处。可以选择某天吃"意大利餐"（意大利面和基安蒂葡萄酒），另一天吃"中国餐"（汤和蒸饺），接下来可以吃"农家菜"（馅饼、酸黄瓜、全麦面包和一杯葡萄酒）和"高档菜"（少量肥鹅肝和香槟）。最要紧的是确立自己的"黄金法则"，发挥自己的想象力和创造力，无论选择什么饮食，都不会突破已经确立的原则。比方说可以确定，一片面包、半只香蕉、一勺果酱、半片肥鹅肝就是我们的足够食量。

对"黄金法则"的几条建议

确立自己的原则，但千万不要规矩太多，否则你可能无法遵守，对原则进行精选时更需要谨慎！

下面是几个范例：

在自己家

· 在做饭时不要吃喝；

· 永远不要把从冰箱或壁橱里拿出来的食物直接吃掉——要把食物盛放在碟子或碗里；

· 即使是一顿快餐，也要坐下来进食，获得食物带来的最多益处；

· 每顿餐前，喝汤或吃沙拉；

· 餐后，在收拾餐桌前，把剩余的食物用保鲜膜包起来，以免再禁不住多吃一点；

- 兜里总是备点存货——果干、蛋白棒等，免得忍不住去吃街头的快餐。

在餐厅

- 单点调味汁；
- 把没吃完的食物打包带回家（这种做法在法国以外的国家非常普遍！）；
- 不要吃面包；
- 与别人分享头盘、甜点……

日常生活中

- 起床后和睡觉前各一杯水；
- 每天三次轻食；
- 除了蔬菜，永远不加菜；
- 每次（最多）只吃一小块巧克力；
- 两天"放松"，两天"弥补"；
- 与别人在一起时为了快乐而饮食，独自一人时为了健康而饮食；

· 冬天喝汤，夏天吃凉拌蔬菜沙拉；

· 每星期在外就餐不超过五次；

· 只在有品质的餐厅就餐，或自己带三明治。

唯一、真正的瘦身食谱

我认为自己的忍耐力要归功于长期以来的习惯，即在生活中的每一天，都坚持简单的健康法则和饮食法则。这已经不再是自我抗拒，而成了某种本能。我长期把有规律的饮食当作习惯，以至于对此都不用经过大脑思考，而是轻松自如地完成。我认为，自己的勤苦耐劳，得之于饮食习惯良好、始终重视睡眠规律、锻炼身体和精神乐观。

——索伦·鲁宾逊（Solon Robinson），

《农场主通识》（*Facts for Farmers*）

很少的东西便能满足我们的所需，这与当今社会不断激励我们进行更多消费的原则相悖。身体需要各种食物，但都不必太多；我们要做的，就是发现自己在某段时间最需要什么。所有"认真"执行瘦身食谱的男性或女性，最终都会发现各种瘦身食谱之间几乎不存在差别：

- 优质的"绿色"食品（毋庸置疑）；
- 不吃或几乎不吃糖；
- 每天两到三汤匙的好油（橄榄油、核桃油、葡萄籽油等）；
- 每天吃蔬菜水果；
- 每星期吃两到三次的鱼类、蛋类或瘦肉；
- 少吃盐，用芥末、植物调味料、香料等代替；
- 多吃鱼少吃肉，多吃羊奶酪少吃牛奶酪；
- 蔬菜不要烹煮时间过长，否则会破坏维生素成分；
- 食物要趁新鲜吃；
- 远离毒素（酒精、烟草等）；
- 远离饱和脂肪，这类脂肪进入人体内就像化开的肥油；
- 吃当季食物；
- 饮用足够量的水；
- 多走路，多活动，肌肉才能燃烧热量；
- 晚饭要少吃，因为睡觉时无法消化；

- 早餐须丰盛，中午才能少吃；

- 如果管不住嘴，就用一两天的断食来弥补；

- 不要一刀切，身体受到压抑会反弹；

- 不要吃零食，两餐之间相隔 5 小时；

- 细嚼慢咽；

- 选择食物时，总是为健康考虑；

- 自己烹饪饮食；

- 睡眠时间规律，尽量不要晚于午夜入睡；

- 要有放空自己的时间；

- 避免紧张和倦怠，以防不是因为饥饿而是为了寻求安慰而吃东西；

- 笑口常开。

　　这就是普遍有效的食谱，但并不是说每个人都应该遵照这份食谱……它只是通常适合大多数人的一个典型而已。最要紧的是认识自我，不能勉强自己，知道如何突破常规。如果早晨没有胃口，就不要吃东西。如果不爱吃鱼，不吃就是，也不会对身体造成什么损害。很多佛教徒都是素食者，可以从富含蛋白质的豆腐和豆子里补充营养。身体和精神上都感觉很舒服，这才是最重要的。

第二部

减少食量

4. 饮食定量的概念：告别卡路里和肥胖！

饮食定量的今昔

> 两张榻榻米，在小火炉上把白米饭煮熟，放一只
> 鸡蛋……想到有这么点东西人便能过日子，她感到一
> 丝幸福……[1]
>
> ——林芙美子，《浮云》

---

[1] 作者所引用这段话似与小说原文不十分相合。可参考《林芙美子小说集·浮云》，吴菲译，复旦大学出版社，2011年，第76页。——译者注

　　五十年前，一切都小巧玲珑：餐具、碟子、玻璃杯、三明治……过去的英式三明治还不到今天伦敦街头三明治的一半大，现在的三明治塞满蛋黄酱和各种蔬菜，一咬就挤得到处都是。过去，一根香蕉就能满足孩子们的馋虫。现在，一份巨无霸套餐、一个三明治、一块布丁、一份冷冻的定食、一条巧克力、一罐甜腻的饮料……被认为是正常的食量。面对这些按照"定量"生产的食物，我们大多数人都会吃个精光。如此一来，我们把判断自身所需的权利献给了食品加工业者，然而他们对我们的胃究竟能容纳多少东西丝毫不关心。我们不假思索地消费，心中几乎非常满意自己"风卷残云"的样子。但你有没有想过谁决定了这一切？谁规定了一块饼干或一只牛角面包的尺寸大小？食品工业界努力追求的都是自己的利润。广告、促销、用最精明的营销手段摆在超市货架上的产品，都是为了吸引我们一而再、再而三地掏钱，我们对此心知肚明。然而我们是否意识到，几十年来，食物的分量被悄悄地逐渐增加了，达到以前的2—5倍？市场营销部门投入巨资，要弄花招让我们的胃口越来越大。格雷格·克里策（Greg Critser）在其所著的《膏腴之地》（*Fat Land*）一书中引用了如下数字：麦当劳一份薯条的热量，1960年为200卡路里，20世纪70年代末增加到320

卡路里，90 年代中期为 450 卡路里，90 年代末为 550 卡路里，2005 年居然达到 610 卡路里！这家连锁店的套餐从 590 卡路里增加到如今的 1550 卡路里，虽然这些食物的营养价值不高，但是他们借助食物分量的增加而让顾客感觉物有所值。

"分量更大，价钱更低"？

蛊惑人心的广告语"分量更大，价钱更低"刺激着消费者胃口越来越大。快餐等加工食品的盒子尺寸越大，厂家就卖得越贵，但是成本的增加只是忽略不计，因此他们的利润便滚滚而来。他们娴熟于追求利润的把戏，竭力使我们产生满足感，不断推出分量和尺寸更大的产品。虽然食品加工业如今对食物质量比过去有稍多关注，但是它成功地使我们比以往消费得更多，因此弥补了质量成本。这一产业鼓励我们购买分量日渐增加的产品——大分量的盒装薯片、谷物、意大利面、超大牛角面包和巧克力面包、两个球的冰激凌，以及麦当劳的小份、中份和大份薯条……超市的购物车越来越大，家里的冰箱容量也随之增大，同时增大的还有碟子、玻璃杯、壁橱……以及我们的屁股。

一个苹果、一只鸡蛋、一个土豆的大小

大自然提供了完美的定量：一只鸡蛋、一个土豆、一个苹果……为什么不按照这样的定量来减少饭量呢？吃掉整个比萨，显然比留下一半要简单得多。拿这剩下的一半怎么办呢？在日本，流行的做法是把剩余的食物打包回家，或者几人分食一个比萨，每人各自点饮料。参加茶会时——这种仪式中包含餐食——人们会携带一种特制的小口袋，里面放几张米纸，用于包裹剩下的食物。邀请客人在家吃午餐或晚餐时，女主人一定会在客人起身告辞时拿给他一个漂亮的小包袱，里面别致地放着剩余的餐食。

再见吧，卡路里的计算

甘地的食谱：

88 克麦芽、

88 克捣碎的绿叶蔬菜、

88 克扁桃仁泥、

6 只酸柠檬、

57 克蜂蜜。

——肖特博士（Dr. Schott），

《烹饪杂录》（*Miscellanées culinaires*）

卡路里更适合专业人士之间的交流。而且人们是否真正见过哪位体重正常、稳定的人士把卡路里奉为选择食物的不二法门？甚至最优秀的营养学家也承认，他们无法清晰地确定食物中的热量数值。况且我们不是实验室里的小白鼠，也不是生活在特制的太空舱里，怎么可能计算在餐馆里就餐时所摄入的热量呢？热量这个概念出现在日常生活中才几十年的时间，就算不理睬它的存在，人们也可以活得健健康康。只需要了解和熟知我们每日所需的各类食物的"定量"，并且学会用眼睛估算食物的分量。食物分量越大，它所含的热量就越多，这是小孩都懂的道理！若是体态微丰，便不必大张旗鼓地改变饮食习惯。你可以继续选择目前的饮食，只需要减少一半的分量。每天在盘子里剩点饭菜，可以在一年间瘦下 10 公斤。这些日常的小改变虽然简便易行，但也有积少成多、愚公移山的（减脂）效果。

典型的法式餐饮

　　　　八成饱的时候，就应离席。

　　　　　　　　　　　　　　　　——日本谚语

　　早餐：一两个牛角面包、一两片涂抹黄油或果酱的面包片、一杯牛奶咖啡；午餐：有油和冷餐肉的头盘、肉类主菜（平均为 200 克）、土豆、奶酪、面包、几杯葡萄酒、一份甜品……晚餐：意大利面，再来点葡萄酒、奶酪、面包……一个人一天吃掉所有这些食物实在太多了。在亚洲，这些分量的食物可以喂饱三个人。若是晚上安居不动，这份晚餐也显得太多。而且，胃越是撑得饱满，就越是难以蠕动。我们的胃虽然忠诚可靠，却喜欢偷懒。上述那样的三餐，每天一顿不落的人，毫无例外会慢慢滋生疾病。

　　我们要摆脱西方文化当中的坏习惯，学会减少饮食分量，提升饮食质量。

　　日本人常常践行一条古老的格言，拒绝把宴席上的食物吃光："八成饱的时候，就应离席。"

　　但在西方社会中，大分量的食物却像毒品一样难以摆脱。

不过，面对更多的食物，人们自然感到更加饥肠辘辘。传统的日式餐饮只有所谓的"一汁三菜"，包括海鲜、海藻等煮成的味噌汤以及三道菜——头盘、煮物和烤物，通常一大二小。

然而，有个好消息，法国和意大利开始重新流行小分量餐饮了！

以不足为乐，懂得惜福

一物有余，则另一物不足。

——阿拉伯谚语

西方人无法想象，第一次到访西方国家的东方人，看到别人把法式三明治、意大利面或墨西哥凯撒沙拉端到他们面前时，是如何倒胃口。对他们来说，这份餐食是给四个人吃的。烹饪和享用能媲美高档餐厅的极少分量的饮食，这是每个人都可以做到的。由于分量很小，人们品尝的时候会更加专注和缓、从容不迫。这样的乐趣让人忘掉其余的一切：烦恼、紧张、悲伤。因为，对于"充饥"的最低限度饮食的细品慢嚼，促使我们重返自我本质，也就是在身体和精神、需求和欲望、自制和内心安宁之间实现和谐……再者，谁能否认，只有第一口啤酒或第一口三文鱼肉酱才是最美味的？东京有一家有名的餐厅，经营这家餐厅的主人只提供一份菜单，特别之处在于给每位客人提供二十种不同的菜肴，而每份菜的分量只有小小的一口！

对于入口的食物要做到了然于胸

要重视自己的饱腹感，不能盘子里有多少就吃多少：准备食物的人不见得知道我们每天的饭量。把童年听到的陈词滥调——"把饭吃光"——忘个干净吧！

——阿里亚纳·格伦巴赫

一小片干酪、一片涂有黄油的面包片、半个牛角面包、两块饼干等，所含热量不多。关键在于，永远要了解你用来果腹的食物，对自己每天所需食物总的"定量"以及所摄入每类食物的分量要做到心中有数。弄清楚这套估算方法后，无论是谁，无论在什么情况下，在自己家、一人独处或与他人在一起、在餐厅或是吃自助餐，都不必再刻意"减肥"，就能实现饮食平衡。你永远不必在良心、理智和欲望之间摇摆不定。你再也不用担心一块面包或皮塔饼（pita）会让你发胖。担忧和禁止导致我们违背原则。不再担心发胖，或许能帮助我们瘦下来。安之若素，相信自己，懂得如何对自己有益，才能让身体减去赘肉，恢复美好的身段。

目测饮食定量

> 看到什么吃什么。
>
> ——谚语

掌握饮食定量，尤其需要常识而非纪律。你的目标是在数个星期或数个月内逐渐减少食量，这段时间的长短取决于食量多少。

要学会目测餐盘的"直径"。如果在控制食量的过程中，让味觉变得敏锐，你就不会产生失落感。要极简，不要测算卡路里，一块巧克力和一只苹果的热量相当，但营养价值绝不相同。极简的做法是，弄明白自己的食量，能够一眼估算出盛放在餐盘和饭碗内、要在一餐摄入的饮食量。

两种最简单的估算饮食定量的方法，是以手掌大小来测算或以常见物品的大小来对比。因此，当你为自己准备食物或接受别人为你准备的食物时，务必不能超过：

- 蔬菜：约为一拳大小的量；

- 豆类：一只高尔夫球；

- 肉类和鱼类：一套扑克牌；

- 谷物、面条、米饭、土豆等：一块香皂；

- 炸薯条：不超过十根；

- 法式酸奶油、各种调味汁：一只核桃；

- 橄榄油、黄油：一只顶针；

- 硬奶酪、肉制品等：一只骨牌；

- 鲜奶酪：一只高尔夫球；

- 果干：一只高尔夫球；

- 糕点：五粒方糖。

你需要考虑，最方便拿来做对比，尤其是最容易记住的是什么物品。你仍然要确立属于你的标准。此外要考虑食物的密度。

一只百吉饼（bagel）的热含量相当于五片同样大小的面包片，一片面包或一碗糙米饭比同样一碗白米饭更健康。三只橙子可以榨出一杯果汁，一罐汽水的含糖量大概相当于 12 粒方糖。

人体每日所需的饮食量

> 如果我像别人那样吃，我会变得大腹便便。我什么都吃，但什么都吃得很少。中午，一份沙拉、一点面包和奶酪就够我吃了。很多人批评我吃得少，责备我不喜欢食物，不过我知道自己不需要吃过多食物，而且如果我吃得太饱，工作的时候就会思路不清。一个人只需要了解自己的体质，按照自己的需求进食。
>
> ——一位东京的女性朋友

你可以自己确定每天所需要的饮食量。对某些人来说，他们的所需比想象的还要少得多……然而，对大多数人来说：

- 两到三份蔬菜（无论生的、熟的还是汤里的）；
- 根据自己的体重选择一到两只水果；

- 两到三份主食（面包、米饭、土豆等）；

- 两到三份蛋白质食物（肉类、鱼、蛋、豆类、奶酪等）；

- 两勺脂肪类食物（油、黄油、蛋黄酱等，这个分量似乎很少，不过在甜点、饼干、开胃点心、奶酪、牛奶和肉类等里面也含有脂肪）；

- 每天一粒糖（可选）；

- 两杯葡萄酒（可选）。

一个把食物分量形象化的小窍门：把餐盘想象成一只时钟。从中午12点到傍晚6点放蔬菜，从傍晚6点到晚上9点放脂肪类，从晚上9点到午夜12点放淀粉类食物。

怎样把少食当作生活方式？

准备食物时，就当作"过家家"。预先准备小份食物（明显的小份，"正常"分量的三分之一到一半）。把单个小份的食物冷藏保存（焗饭、汤、炖菜等）。小份的食物不仅容易解冻，也不易引诱你的馋虫。把"流质"的小份食物（菠菜泥、调味汁、甜品等）放置于冰块盒里冷藏。把预制的菜肴每份分别放置于小蛋糕盅里。至于配料的分量，按照菜谱指示的半份来烹制即可。

在餐厅就餐，把食物等分为两份，食用脂肪含量少的那份。

如果吃旅行餐（在街头、车站、机场等地），只能把你买的三明治的四分之一或一半吃掉。如果有同伴一起就餐，就尽量与别人分享食物（例如，在餐厅里把蛋糕分给别人一块，把主菜和沙拉跟别人平分）。或者从三明治上拿下一片面包或一些馅料（如火腿的肥肉部分），以避免吃过多的食物。

长大成人，往往意味着能够领悟，与"一无所有"的窘迫相比，"些许的满足"更让人感到安慰。

完美的瘦身饮食

早上

· 一杯酸奶，或木斯里^①加 200 克脱脂牛奶，或不加黄油

---

① muesli，主要由麦片、水果和坚果等组成的食品。——译者注

的全麦面包。

中午

- 蔬菜;
- 90 克蛋白质食物（瘦肉、无论肥瘦的鱼肉、鸡蛋、豆制品）或碳水化合物类食物（意大利面、小扁豆、大米、藜麦、大豆粉丝等）;
- 酸奶或奶酪。

晚上

- 与午餐相似，但"更少量"，即不含肉类。

关于这份瘦身饮食

- 食用蛋白质类或碳水化合物类时，一定要吃蔬菜（避免这类食物转化为脂肪）;
- 在两餐之间要吃水果;

- 以麦芽（或其他能够自制的种子类食品）、啤酒酵母等作为沙拉、汤、酸奶等的补充；
- 尽量多吃植物调味料以及坚果和果干类。

每周 14 份蛋白质类食物：

- 肉类：3 次；
- 鱼类：4 次；
- 蛋类：3 次；
- 豆类：4 次。

可以把这份清单打印在卡片上并塑封起来，然后长期随身携带，购物或者外出就餐时就能派上用场。

5. 饮料

饮料是常常被忽略的食物

与食物一样，饮料在现代社会也被毫不经意地消费掉。我们由于惯性而非真的需要，喝下过多或不必要的饮料。我们未能充分认识到，除了水以外的一切饮料都属于食物，有的有益于我们的健康，有的则存在害处。无论你最爱喝什么饮料，请你抽出时间（老老实实地）考察你每天喝下的饮料以及喝这些饮料的习惯带来的长期影响。

水

懂得品尝的人不会再喝酒，而是品味秘密。

——萨尔瓦多·达利（Salvador Dalí）

你水喝得足够吗？水是地球上最健康和天然的饮料，是空气之外的另一大生命元素。再昂贵的琼浆玉液都无法媲美水的价值，我们应该只用水来解渴。

其他任何饮料（茶、苏打水、酒精饮料……）只能用来散心、放松或者提振精神。水是健康的基础，甚至比食物还重要。有个日本按摩师说，如果感到双腿沉重，那是因为水没有喝够，水能够祛除下体积累的毒素。他认为一个人每天应该喝下体重三十分之一的水。茶和咖啡含有咖啡因，与通常的认识相反，这些元素会消耗体内水分，导致身体失水。当你饮酒、喝咖啡或喝茶的时候，要保证至少喝下等量的水。如果有喝苏打水的小嗜好，可以试试这个小窍门：在苏打水里加等量的纯净水。

若不免饮酒，请选择佳酿

花间一壶酒，独酌无相亲。

举杯邀明月，对影成三人。

月既不解饮，影徒随我身。

暂伴月将影，行乐须及春。

我歌月徘徊，我舞影零乱。

醒时同交欢，醉后各分散。

永结无情游，相期邈云汉。

——李白（701—762），被尊为

"酒仙"的中国著名诗人

据说，酒精是灵魂的良医。一杯佳酿所带来的优雅高贵，可以化解饮食的粗鄙，带给我们片刻的轻松和人生乐趣。然而，酒仍然需要细细品酌。在冬天，感受蛋奶酒（格罗格酒兑入起泡的牛奶）的爽滑口感是一件非常美好的事情。花几个小时细呷杯底的陈年苏格兰威士忌，也是同样美妙。

香槟

什么时候喝香槟？

我在快乐时喝香槟，也在悲伤时喝香槟。孤单时可以独享，有好友相聚时香槟更不能缺席。胃口不佳

时借香槟消遣，饥肠辘辘时也以香槟慰藉自己。除此
之外我从不喝它，除非是口干舌燥。

——莉莉·伯林格[1]

佩里尼翁修士[2] 说过，喝香槟，就像饮下群星。香槟是君
王的饮品，是爱情和节庆之酒。香槟是一种精神状态，它富含
锂元素，能够振奋精神，调节心情。香槟是最有益于健康的酒，
它不仅能缓解郁闷情绪，还能改善人的脾性。仅需一杯香槟入
口，仿佛整个人都在噼啪冒泡。香槟可以改善消化（特别是对
脂肪的消化），消除腹胀，是消食解腻的绝佳饮品。它有利尿的
作用，能排除体内过剩的杂质，还富含矿物盐和硫黄，具有通
便、解毒和消炎的功能。香槟能缓解风湿、感冒和过敏。进行
一个月的香槟疗法（例如在假期），每餐饮一杯香槟，并不比无
节制地饮酒更昂贵。

香槟能够营造一种无与伦比的氛围，一种喜庆和欢乐的情

---

① 莉莉·伯林格（Lily Bollinger，1899—1977），法国女企业家，堡
林爵（Bollinger）酒庄的所有者和经营者。——译者注

② 佩里尼翁修士或称皮埃尔·佩里尼翁（Pierre Pérignon，1639—
1715），法国本笃会修士，传说是香槟酿造方法的发明人。——译者注

绪。香槟是如此赏心悦目，让人不忍一饮而尽，也不会让人第二天变得麻木浑噩。有了香槟，就可以为生活而"庆祝"。玛丽莲·迪特里希[1] 说，香槟把每一天都变成假日。这真是莫大的夸赞！

莫贪杯中物：迷人的酒壶

> 幸福生活的秘方？热水澡、一杯陈年白兰地、香槟酒和新鲜的小豌豆。
>
> ——温斯顿·丘吉尔（Winston Churchill）

酒精会让身体主要器官失水，降低皮肤弹性，导致皱纹产生、皮肤老化、面色憔悴和毛孔变粗，而且烈酒的热量很高，饮酒者也忍不住吃危害健康的零食，比如甜饼干、咸饼干、花生……

---

[1]　玛丽莲·迪特里希（Marlene Dietrich, 1901—1992），德国著名女演员和歌手。——译者注

　　在外应酬的时候，要想少喝酒，只有把嘴唇在酒杯中稍稍浸润。如果酒杯常满，就不会急着添酒。自己在家的时候，可以模仿老一辈的日本人，他们有属于自己的酒壶，而且只倒一次，在晚饭前或晚饭后饮酒。这壶酒让他们解除一天的疲乏，是纯粹独享的快乐时刻。一大瓶酒看起来既无趣，也不实用，而且不可能让人把握适度的酒量。反之，酒壶无论观赏还是把玩都极有趣味。最糟糕也不过是把打开的半升酒灌进从商店买来的半升小酒瓶里，留到第二天再喝。因此，晚上你只能饮350毫升的酒。

饮茶以集中思虑

　　在绿茶中，我看到整个自然。闭目凝神，我看到青翠的群山和内心的清水。寂静中独坐饮茶，仿佛茶我合而为一。把茶分给别人，他们也与茶和自然融为一体了。

——汎叟宗室（十五代目千宗室），

里千家流派茶道大师

餐后或两餐之间，饮一大杯茶，不仅是在紧张节奏中的小憩，而且能刺激免疫系统，改善消化，营造良好心情。绿茶是我的最爱之一，它的茶香浓郁纯粹，沁人心脾，让人精神为之一振，似乎唤醒了我的各种情绪：和平、安宁、青春活力和生活的欢欣。荣西禅师[①] 曾说，绿茶是保持健康和长寿最有效的良药。茶能清除血液中的杂质，预防癌症（日本产茶区不久前都是没有癌症的），降低胆固醇和血压，缓解糖尿病，推迟阿尔茨海默症（老年痴呆症之一种），也能有效防止过敏。

无论何时，茶都是僧侣和诗人的饮品。

虽然日渐流行，但西方人仍然不了解茶。茶，绝不仅限于研碎并完全发酵的英式红茶，东方人饮的茶更多是未发酵的绿茶或发酵三四成的茶，比如日本人喝的就是绿茶。而发酵三四成的茶，少许叶片仍然保持绿色，叶片外廓则呈现褐色，在中国被称为乌龙茶。这些种类的茶对身体极有好处，因为茶叶含有多种物质成分（维生素 C、锌元素、镁元素等），在完全发酵过程中会遭到破坏。而且，茶叶的口味依照季节、品质和种类

---

① 荣西禅师（1141—1215），日本临济宗的初祖，被认为是把绿茶引入日本的人。——译者注

的不同而差异极大。饮茶不仅为了健康，也可以像名贵红酒一样品鉴，是健康、享受和生活艺术的结合。

选择哪种茶，自然要看它能够或不能搭配什么食物，例如，乌龙茶的口感细腻，留在口中的任何食物的味道都会破坏它的口感，因此茶饮爱好者会在喝茶前仔仔细细地漱口。

不过乌龙茶很适合解腻。绿茶适合吃甜品时饮用，它的苦涩感可以冲淡甜腻的味道。

印度式的煮沸的茶里面会加入牛奶和香料，让人感到四肢温暖，通体舒泰。正山小种则可以用来祛除寒气。

读书的时候，一杯茉莉花茶堪为最佳伴侣。

那些苹果香、玫瑰香和桂花香的茶，是名不副实的。真正的茶要有自己独特的香气。某些茶的香气、口感有时堪比某些违禁药品的让人醺醉的效果！因此，喝茶也如同对待其他饮食一样，要有节制，避免过度……

6. 减小容器的尺寸

三五好友，美酒一瓶，闲来无事，花间一隅……

无论此时将来，宁弃万丈红尘，不舍此种乐趣。

——14世纪波斯诗人哈菲兹（Hafiz）

赞美在饮食上的千变万化和奇思妙想

饮食虽少，却追求享受，意味着绝不能有所松懈。因为正是新意的缺乏，才致使人们靠过度饮食来获得快乐。不要再单调地重复，力求饮食的变化，同时使用更加小巧精美的日常餐具，让每顿饭变得快乐而精致。为什么总要用老一套的餐具？为什么不尝试在用餐的时候使用"组合餐具"或"饭钵"，或是能够盛放数道小菜肴的餐盘？

心血来潮、奇思妙想和新鲜创意才造就生命之美。活得既精彩又长寿的往往是对生活充满热爱的人。

单件餐具

现今的一种流行趋势是，在餐馆里用单件的餐具来吃饭。起初，这是一个"极简主义"的绝妙想法，结合了快餐和种类丰富的饮食的优势。何不偶尔试试这种做法呢，尤其是在家的时候？因为，（我们往往意识不到）餐馆里的特大份沙拉或各种荤菜中含有大量的脂肪。最好跳过头盘和甜点，只"单点"一个菜，通常单点的菜肴不太油腻，烹制得更耐心。也可以只要一份沙拉、一只煎蛋，甚至一份甜点。最要紧的是，因为食物都只能盛在一只有限的盘子里，我们便失去了肆无忌惮胡吃海塞的借口。自己在家的时候，这更是一个好办法，既能少食以保持饮食平衡，又能少洗盘子！

用碗吃饭

刚煮好的雪白的米饭，在打开锅盖时从锅底冒出热腾腾的蒸汽，盛在黑色的漆碗里，一粒一粒像珍珠

般地熠熠生辉。此情此景，恐怕会使任何一个日本人
都感到米饭的珍贵。①

　　　　　　　　　　——谷崎润一郎,《阴翳礼赞》

　　朝鲜人和中国人是用碗吃饭的行家。他们向来烹饪把汤汁
和饭菜结合起来的美味汤羹，即使饭菜清淡，也能为身体提供
充足的水分和全面的营养，有的汤羹含有二十多种配料。一顿
营养全面的餐食全部盛在一只碗里，这类菜谱数不胜数。

　　一只600毫升的大碗就够用了。如果力所能及，不妨选
用极其轻便省事（不用洗碗！）、环保又优雅迷人的漆碗。它
的天然材料导热性极好，碗里的食物神奇地保持最佳温度，不
会烫嘴，托在手心里也很舒服。虽然表面漆着细腻繁复的花
纹，但其实非常坚固耐用（日本天皇的座驾就是涂漆的！）。放
在桌上，漆碗不会发出声音（啊，赞美寂静！）。汤羹、沙拉、
鱼肉或蔬菜盖饭……都可以盛在一只碗里，很多禅宗僧侣和
千千万万的中国人都是这样进食的。在亚洲，所有菜肴都是预

----

　　① 译文引自《日本文化丛书·阴翳礼赞》，丘士俊译，生活·读书·新
知三联书店，1992年，第17页。——译者注

先切好或容易咀嚼的，因此刀叉不必出现在餐桌上。想要衬托食物的光泽，任何餐具都比不上一只朴实无华的黑漆大碗。把钱花在这样一只碗上绝不是奢侈之举——它使得用餐的乐趣倍增，同时有助于控制食量。用金属勺从深凹的粗糙汤盘里舀汤，还是从漆碗里慢慢喝汤，这真是区别明显！漆碗让人的口味也变得禅意起来——你还能随心所欲地把碗拿到任何地方，长沙发上、阳光房里或地毯上！

用托盘吃饭

无论在餐馆还是自家，日本人几乎每餐都用托盘吃饭，根据季节、菜肴及场合的不同，有时用漆盘，有时用木盘。最理想的托盘尺寸大概为35厘米×25厘米（35厘米约略为人体骨盆的宽度）。这真是一个绝佳的创意，让进餐变得既有美妙又实用，既新奇又有趣，同时也不失限度。

真是极好的限度！不同于菜单上抽象模糊的概念，要吃掉的食物就在你眼前一目了然。饭后也不用操心洗一堆餐具！使用托盘的另一好处是能够按照我们自己希望的次序、场合以及节奏来进食。在各个小碟子里盛上一小份食物，使人专注于每一口食物，而且为身体提供十分丰富的营养。这顿营养全面的餐食至少要有五六个小盅、小碗、小杯和小碟，不会造成消化负担。你可以闲逛旧货市场来凑齐一套餐具，这些小小的餐具种类各异而且赏心悦目，让人避免饮食过量，同时也充满乐趣。颜色、形制和材质等，各种创意都得到允许和鼓励——日式审美拒绝千篇一律。日本传统上要上七道小菜：一汤、一饭、几口醋渍菜、炖菜——偶尔有肉、鱼肉、几口麻酱拌蔬菜和腌菜，腌菜在日本相当于奶酪在法国的地位。

赞美小巧的餐具、桌子、橱柜

每个人都有适合自己的餐具

> 他们面对面使用夫妇茶碗喝茶时，手掌里热乎乎的，茶碗是那么舒适。
>
> ——濑户内寂听，《夏日终焉》①

---

① 濑户内寂听，日本女僧人和小说家。本段译文引自《夏日终焉》，竺家荣译，人民文学出版社，2015 年。

　　每个日本人都有自己的一套餐具，家里的其他人绝不能使用，有点像我们国家的牙刷。这套餐具包括一只饭碗、一只汤碗、一只茶杯和一双筷子，每套都按照样式、尺寸、年龄、品位以及个人偏爱的颜色、材料、形制、纹饰、质地等精挑细选。不过选择多大尺寸的器物，要根据需要盛放的食量，也取决于文化传统和饮食营养学。每个人的食量都被餐具的类型所限定：上了年纪的男子的碗比 20 岁男生的碗小巧；耄耋老妇使用的碗，比起年轻女子，图案更加精美，也更为轻薄。对于每一种食物，他们也使用不同尺寸、形状和深度的特制瓷器：细长的盘子盛放烤鱼，较深的椭圆碟子盛放用酱油调制煨炖的菜肴，还有一个极小的碟子用来盛放几口下饭的腌菜，等等。除了饮食较清淡外，正是因为如此，日本人很少有肥胖问题。

　　我的朋友明子（Akiko H.）是个很优雅的女人，她告诉我，母亲留给她四个盒子，每个盒子里都收藏着一套小餐具以及相应的菜谱，对应一年四季。例如，冬天的盒子里放着暖色的炻器和漆器，用来盛放当季的浓汤和根茎类蔬菜，夏天的盒子里是陶瓷和玻璃器皿，透明清澈的质地以及海浪、清风拂柳等图案带来一股清凉之感，用来盛放沙拉、果冻、新鲜蔬菜……这是一种多么美妙的方式啊，通过每一天凝练而极致的细节，歌颂生活的美好，向大自然致敬，紧跟四季的鼓点！

用小餐具进食

借助一点想象力，我们也能够利用法国本国制品来实践这种用餐方式，我们的旧餐具通常比如今的餐具更小。为什么不使用点心碟子代替大尺码的现代餐具呢？或者使用平常仅用于头盘的小碗、蛋糕盅子、茶碟、小椭圆盘子、利口酒杯等？这些餐具的容量更适合我们的胃！手持轻盈精美的器皿，可以很自在地把它送到口边，而不是必须倾斜身体才能避免食物泼洒出来。现在的餐具设计不符合人体工学，而且还一年比一年更大。是不是为了赶时髦、追时尚，人们才用半张餐桌大的盘子摆放一小块羊排和三粒小豌豆？酒杯大得能装下 250 毫升的酒——只有名酒佳酿才需要这么大的酒杯，通过接触氧气来释放馥郁酒香。更何况这种餐具冷若冰霜，拒人于千里之外，毫无魅力可言，沉重而笨拙，而且容易让食物变凉，非常不好用，不管是洗涤、收纳还是搬运……

最后要说的是，把这些小巧精致的碗碟满满当当地摆放出来，让人感到无论菜品还是颜色都非常丰富，充满了生活气息，餐具的悦人心目，也会让食者专注于每一片食物。

日久年深、古色古香的餐具

一把古旧的陶制茶壶，内部凹凸不平，外表却因茶汁的精华浸润而平滑光泽，结满茶垢的茶杯——真正的嗜茶者绝不会清除，因为它会让茶香更浓——十分难得。观赏、把玩和使用这些器物，看着它们的包浆日渐厚重，透出岁月的静好，真是一件乐事！东方人认真地保养器物的古旧色泽，将之视为美的一部分。他们耐心地等待银器褪色变黑，这种美好让人对生命的短促产生遐思。

这完全关乎文化和情致，能够从异域文化的角度审度这些器物，不啻于丰富了我们自己的生活。

西餐总是要求用"整套"餐具来进餐。谁敢用古旧、残缺和有裂缝的碗碟来招待朋友呢？日本人却把这些餐具视为财富和高雅的象征。岁月侵蚀的器物曾被长久地使用过，色泽古雅，散发着本真的气息。在我们的手中，仿佛讲述着它们自己的生命——它们见证的往事和曾经盛放的各种美味佳肴。我们触目所及的匀称和整齐与之毫无关系，它们与寻常的审美龃龉不合，也并没有经过所谓的"设计"。然而，把它们捧在手上，我们仿佛摆脱了高科技、一成不变和毫无个性的世界。裂痕让茶杯和瓷器显得与众不同，一把旧木匙让我们的视角变得新鲜异样，它提醒着我们，不必寻求一切问题的答案，美往往存在于细节，表现于残缺。使用它们，食物和餐饭仿佛有了新的意义。如今流行的玻璃餐具总算让我们开始理解新奇餐具所带来的乐趣。运用最不寻常的餐具，把风格、色彩、形状和材质融为一体，来呈现一顿饮食。享受优雅、美味和健康的饮食，使之成为自我风格的一部分，就必须扫除单调和沉闷。

使用刀叉、筷子还是手指进食？

东方人认为，比起使用叉子，使用筷子可以更加精准地挑选食物，接触木头比接触金属对食物味道的影响更少。而且，筷子不占地方，不会叮当作响。不过，除了筷子，你也可以使用类似甜点叉子的那种小叉子。它能够让你细嚼慢咽，仔细地享用和品味美食。吃甜品的时候不就是这样吗？直接端起碗喝汤，这种值得找回的快乐，恰符合良好生活的准则。首先你会感到双手温热，接触瓷器也让嘴唇感到舒服，最后，味蕾在舌

头最敏感的部位感受所有的滋味。然而汤匙底部会遮住舌头的
这个部位，把食物直接送入并没有味蕾的喉咙底部。

用手指进食也是同样道理。有什么东西比用手抓着吃的薯
条更加美味？吃面包也是用手拿着！

小餐桌之美

既然提到小餐具，自然不能不说小餐桌。何必在住宅里摆
放巨大的餐桌？很多餐厅和酒馆用很小的餐桌招待两个甚至三
个客人。人们感到食物琳琅满目，不正是餐桌尺寸的功劳吗？
它营造了一种欢喜和轻松的氛围。用餐结束后也只是果腹而已，
比起一大桌丰盛的豪餐，人们在小餐桌上吃得少很多。

围坐小桌，共用一餐，让宾客之间更感亲切，不由得互诉
衷肠，分享各自内心的想法，即便同席者众多也不存在尴尬。
我在巴黎有位姨妈，她家中只有一张小餐桌。她并不介意让
6—8 位客人挤在桌边，给他们提供丰富考究的饮食，客人从中
很容易感受到她的热情好客。这一切都取决于能不能安排妥帖，
会不会合理运用空间。

若是餐盘不到一张黑胶唱片大小，在小餐桌上就餐倒是十

分惬意，你可以把餐桌搬到合适的地方欣赏一场豪雨，在客厅里边吃晚饭边看一部有趣的电影，如果有阳台或花园，天气晴好的时候还可以露天就餐。有很多场景氛围可以消除简单饮食中的单调无聊，不必胡吃海塞就能把每一顿饭变成节日。

第三部
烹饪，对身心的呵护

7. 烹饪的重要性

感悟生命

> 忽视烹饪艺术的地方就不存在幸福。
>
> ——让-雅克·雷吉斯·德·康巴塞雷斯①

---

① 让-雅克·雷吉斯·德·康巴塞雷斯（Jean-Jacques Régis de Cambacérès, 1753—1824），法国政治家，《拿破仑法典》的主要起草人之一。——译者注

中国人认为，只有野蛮和不开化的民族才不会烹饪。每个中国人的心中都有着烹饪的渴望，这是为了感悟生命，驯化人类内心沉睡的野性。对中国人而言，即使住所逼仄，花时间准备餐饭也意味着肯定人之所以为人。他们真正欣赏的只有自己做出的饭食。

极简的生活和饮食，并非满足于下班路上匆忙购买的三明治或蔬菜沙拉。极简不仅仅是果腹而已，它的所求更多。烹饪这种祖传技艺已经铭刻在我们的基因里，或许是人类区别于动物的最古老的行为。

所有这些一步到位、毫无特色、大规模生产和包装的食品，在微波炉加热两分钟便匆匆下肚，不会使我们感到深层次的满足。餐厅、食堂或小酒馆里的菜单同样对此无能为力。

亲自动手为自己准备菜肴，对于我们的身心平衡来说至关重要。自己采购和烹饪，不仅是为了自给自足，也是为了花时间感悟生活、关注自我和家人，振作自己，采撷触手可及或家门之内的幸福，认清自我的方向。其实，每个人都能把烦琐家务变成"当下"的美妙体验，比如，盘膝坐在地毯上剥豌豆。豆荚清香，豌豆翠绿，用指甲一下子把一排豆子剔出来，它们便叮叮当当地落在不锈钢盆里，发出铜锣般的脆响，这就是我想象中的幸福的模样。

烹饪来自于天性

> 把自己的东西贡献出来，便是无价的馈赠。即使无人看到，也应如此去做。
>
> ——曹洞宗始祖道元和尚

如果希望从某件事中获益，我们应该始终快乐地去做。怀着心意、花费精力来准备饮食，完全沉浸于其中，烹饪或许就成为某种无声的仪式，每样事物都不可或缺，每一时刻都完美无瑕。火上煮的水慢慢沸腾，双耳盖锅里香气扑鼻，蔬菜在眼前铺展开来……平和的日常就是快乐的面目之一。这些每天必须面对的亘古不变的事情，提醒我们这或许就是生活本身。当今社会，我们似乎把生活过于条条框框化了，例如我们认为艺术就是绘画、雕塑、诗歌和音乐。然而艺术可能存在于我们的各种劳动中，适用于一切事物，包括做面包这样的事情，因为只有做面包我们才能饱腹，才拥有了欣赏其余美的可能。在这个日益空虚、迷惘和丧失人性的时代，牢牢扎根于现实，拒绝肤浅浮躁的世界，难道不是最美好的事情？在火的帮助下，天然的食材在我们手中发生转化。我们为自己打开新感觉和新思维之门，这就是烹饪所能实现的：摆脱庸碌的思想，让日常生活变得永恒和神圣。烹饪确实是一种引导人们超越自我的艺术！如今，自己烧饭的人越来越少了，理由是没有时间，人们没有意识到，从指尖流逝的是生活的真正意义。只要稍作筹划，烹饪便不再是一件烦恼和无奈的苦差。

无烹饪，不健康

> 善待你的身体，让灵魂安居其中。
>
> ——印度格言

烹饪，准备人们喜爱和身体需要的饮食，就是对健康的呵护。自己为自己做饭是最健康的。工业化餐饮中，蔬菜寥寥无几，过多配料只是为了讨好我们的味蕾（调味汁、脂肪、糖分、合成香料）。更有甚者，其中所含的脂肪、糖分和盐分总是超过我们在烹饪时的使用量。咖啡馆做的煎蛋比自己家里做的含油量高，薯条往往是搭售的，既然不用花钱，顾客便来者不拒！人们下意识地把外出就餐当作一个罕见的"特殊"时机，因此敞开胃口，尽量多吃。很不幸，这些时机成为惯例，我们的体重也随之超标。

饮食的首要目标是维护健康，这是均衡和谐生活的必要条件。

营养之气

> 食物的热气从一只手传到另一只手。
>
> ——日本俳句诗人种田山头火（1882—1940）

一只手，它的热气和爱意就是力量和生命。正是这只手减轻痛苦，抚平胸臆，振作精神，表达同情，让顽童安静，抚慰，按摩，祛除疾病，流露爱意，表达无法言传的一切，是治病的良医，利体的良药。

这只手制作的食物便带有了"气"，也就是东方人珍视的生命之力。日本人相信手会传递"生命之力"，因为手心是生命力最旺盛的身体部位。正是由于这一力量的作用，在双手温柔地握着的水瓶里，科学家可以观测到美丽的结晶，而在弃置一旁的水瓶里只有不规则的结晶。①*

手揉的面包、意大利老妈妈制作的面条、非洲人的杂粮饼、日本人的饭团、带着母爱的洛林乳蛋饼（法式蛋挞）……这些食物都不可思议地比商业化的相同食品更加让人感到心满意足。原因何在呢？这些食物直达心灵，给人温暖和惬意。正是爱和"气"在哺育着我们，赋予我们力量，不亚于世界上最好的营养品。

烹饪与"减压"

在振作精神方面，任何瑜伽练习或庙宇中的冥

---

① 参见江本胜《水知道答案》。——原注

* 日本人江本胜的"水结晶灵性说"在学界引起很大争议。他本人也曾在访问中表示自己得出的结论"属于科幻，或是诗"，而且"是个故事"（不是科学）。——译者注

想，都比不上为自己做面包的简单劳作。

——费希尔（M. F. K. Fisher）

《吃的艺术》（*The Art of Eating*）

把实用和舒适融为一体，是一切消遣活动的最高境界。简单而快乐，安坐家中，从容不迫，这就是"慢食"运动（作为"速食"的对立面）所提倡的新兴生活方式。[①] 烹饪，意味着享受轻松快乐的时光。如果怀抱这种心态，烹饪就绝不是什么苦差事。我们生活在一个机械的、依赖科技的世界中，导致我们渴望着某些事物：能够跟别人建立相互联系，能够哺育我们的心灵，让我们得以欣赏生命，品味当下，不计得失，忘却红尘，让思想跃动起来，抽丝剥茧，梳理自己的思绪。

---

① 1989 年，"国际慢食运动"创立于巴黎，旨在对抗速食文化的恶果。这一运动的目标是保护地区性烹饪文化和动植物物种。围绕这些议题，该运动与全球多家协会共同努力，组织了一系列活动，包括美食美酒品鉴会、参观生产厂家、主题晚宴等。参见 www.slowfood.fr。——原注

娱乐和玩耍

> 若是每日的劳作成为一生的事业，精神终究将与
> 四季和自然融为一体。
>
> ——汎叟宗室（十五代目千宗室），
>
> 《茶的生命 茶的精神》（*Tea Life，Tea Mind*）

我生活中的一大乐事就是做"小菜"：欣赏一把扁豆在平底锅里翩翩起舞，摆好案板和菜刀，认真地排好小碗，按照一贯的顺序盛放洗净切好的食材，接下来就开始烹饪了。我喜欢做事带有仪式感，不急不缓，有条不紊，沉着稳重。

无论何时，都要把做饭当作一种放松和游戏，不要存有不自主和不情愿的想法，也不要盘算得失。如果你忍不住因为时间紧迫而考虑"效率"问题，不如说服自己，利用做饭的机会来"充电"和放松身心。这样的精神状态也极适用于讨厌自己做饭的单身人士。用 10—15 分钟做一道热菜，会让人的身心状态焕然一新。

倒水，把平底锅放在灶上——我们的心灵和身体将获得极大的完善！日常的劳作，这些平凡、无意和自然生发的动作是

多么的美，让我们重新实现自身的协调沟通。随之而来，你越是经常做饭，你的动作便越臻于完善。仿佛不由自主，却愈加娴熟。啊，日本人多么珍视这种劳作文化，无论厨师还是匠人，或许这正是人对自己的征服。但是要臻于此境，必须完成三个步骤，毕竟厨艺不是打开煤气就行了：首先是购买食材，其次是构想菜谱，最后是上灶烹饪。别担心，现在有一种名为"半烹饪"的新时尚，可以让人在 15 分钟之内做好一道热气腾腾、美味又健康的菜肴。本书的最后一章将为你提供一些烹饪方法。

8. 精明的采购技巧

家庭和经济

> 简单的生活省去一切奢华的需求……这样的生活
> 所需极少，仅限于保持健康的必要食物。
>
> ——黑格尔

购买食材是厨艺的基础，想在自己家里吃得美味舒服和健康营养，首先要懂得如何采购。

说到食品，最要紧的是品质。当然，想吃得好就不可能在口味和开支上凑合，但是相对于消费大量似乎很廉价的劣质产品来说，吃得少而精并不需要更多破费。我有一位日本朋友在吃上很讲究——大部分日本人都是如此！——他住在巴黎某个高档街区，每个月在饮食上的开支大约是180欧元。另一个较为节俭的朋友却估计自己在饮食上的开销远远超过这个数字，甚至包括晚上出去喝几杯的钱……

只购买当季的产品

聪明的购物者会选择某种食物丰产的时期来采购，正是它们价廉物美的时候。因此，在各种食材上市的时候，应当根据在市场上能够找到什么食材来决定我们的菜单，而不是相反！

有些追新求异的老饕喜欢品尝新上市的食物，你是不是认为这是很好的做法？其实这些食材可能滋味寡淡，水分过多，只是由于价格高昂才受人追捧。四月的豌豆太硬，三月的草莓太酸。所以不要买时新蔬果，这对你的钱包和胃口来说都有好处。某种产品越是大量上市，价格就越平易近人，这是很好理解的。在购买前把市场转一圈。学学餐馆的办法，在菜单上标出"今日推荐菜"，用市场上最合算的食材来做。你也可以在自己家选出一个"今日推荐菜"，除了省钱，还能与令候合拍，对健康大有裨益。

避免频繁逛大卖场

——我买这些便宜的东西是为了省钱。

——那又怎样，我们现在更有钱了吗？

——大卫·林奇（David Lynch）的电影

《内陆帝国》（*Inland Empire*）台词

如果打算自己在家烧一两个人的饭，就不要去大卖场（大市场、超市等）购物，最多一个月去一次。这些消费主义巨头的卖品可以说是价廉量足，除非有一大家子人要养活，否则你可能在超低售价的诱惑下，把本来打算省下的钱花在一大堆不必要的东西上。如果你习惯简单的烹饪，喜欢使用容易找到的配料，或是家里有足够的基本食材——盐、胡椒、油、芝麻籽和芝麻酱、醋、芥末、茶、咖啡、面粉、面条等，那么你可以每星期去一两次社区菜市场和面包房，购买新鲜的农产品和面包。

在大卖场里购物，首要原则是保持警惕——只买必不可少的东西。何必在家里摆着十多种油、芥末酱和醋？一种油用来煎炒，一种油用来凉拌，这就足够了。每次买一瓶新的，就换掉旧的。而且，购买过多食材使得烹饪过于"郑重其事"，因为需要耗费时间、精力，要把食材拿出来，整理好，还要收拾餐具。结果导致一身疲倦地下班回家后，只想吃点微波炉加热的东西、外卖或比萨就算了事。

如果想在家吃得少而精，不要把无用的食物塞满橱柜，这些瓶瓶罐罐的东西只是为了弥补你的疲惫空虚和焦躁不安。另一方面，永远不要缺少真正的"佳品"，比如全麦面包、火腿、恰恰熟透的水果——选购和放熟水果也是一项本领，以及浓稠的酸奶，每天饮用自制酸奶更佳。我有个很会过日子的朋友说，把吃不掉的东西弄到家里来简直是犯罪。

再者，购物时要仔细看标签，配料表越长，东西越不天然。最后，无论是罐头、调味品还是新鲜食材，尽可能选分量少的。不要购买一公斤装的玉米罐头，也不要买大块奶酪。个头小的水果蔬菜往往味道鲜美，而且小的东西容易搬运（篮子会轻些）和存放（干蘑菇、大蒜等含水作料，还有火葱、洋葱等）。新鲜食材虽然极好，但是那种"半烹饪"饮食则要在一小时才能做好的菜肴和十分钟就能上桌的帕尔马干酪杂烩菜之间寻求某种妥协……"不烹饪而烹饪"的艺术，需要动动脑筋，对于所谓的"烹饪大餐"，考虑做些小小的让步。

购物及"谷物、蛋白质、蔬菜"的三项搭配原则

内在生活追求简单的人，外在生活也将更加简单。

——欧内斯特·海明威（Ernest Hemingway）

本书列举了所有种类的食材，只要家里备有这些食材，就可以吃得健康、营养美味，每周只需要再去购物一两次就够了。即使在市场里购物，也需要为种类丰富且健康的饮食"精打细算"。

购物的时候，要牢记制作饮食的"三项搭配原则"。如果家里已有谷物（大米、藜麦、意大利面等），就记着买红、黄、绿三种颜色的蔬菜，蛋白质类食物也要选三种（鱼类、肉类、蛋类或豆类等），只有水果可以按照（一周）每人 7 个的数量来购买。

我们肩负着对地球的责任

我们消耗过多的水源和生活物资。我们把过多时

间花在一日两餐上，其实一日一餐就够了。

——泰奥多尔·莫诺（Théodore Monod）[1]

有些家庭主妇虽然只围绕灶台忙碌，却是改善未来全球问题的最有效参与者。此言不虚！

如果所有家庭主妇决定立即停止购买肉类，可以想象能够节省大量土地，用于种植足以养活全世界的谷物！

如果她们拒绝使用工业化产品，超市和制造污染的运输卡车将何去何从？

如果她们一锤定音地宣布，动物脂肪不逊于毒药，社会保障预算将节省多少花在糖尿病、胆固醇等因摄入动物脂肪过多而产生的疾病上的资金？

如果她们拒绝用糖，广告界如何生存？（据说只要我们单单改掉吃糖的习惯，整个广告业就将垮掉。哪种食物不含糖？蛋黄酱、番茄酱、批量生产的面包、芥末酱、苏打水、意大利面、比萨、罐头……几乎所有产品都含糖。）

---

[1] 泰奥多尔·莫诺（1902—2000），法国自然生物学家、探险家和人文学者。——译者注

　　如果她们自己动手烹饪，每天早晨街道上还会有多少垃圾？

　　如果所有这些"如果"成为现实，我们定然能够打败世界上最有权势的寄生虫、战争贩子和逐利者。

　　再说，也没必要一日准备两顿饭。准备晚饭的时候，完全可以把一小块煎蛋、一小簇西蓝花和米饭做成一份便当，作为次日的午餐。在筹划饮食的时候，又节省了多少时间！

　　相比在餐馆吃饭或是外带饮食，在家里吃饭更好更划算。在食品橱柜里存放三四罐不同的蜂蜜，对于一个酷爱蜂蜜的人来说是可以理解的。这种情况不算浪费（品种丰富是好事情）。不过总的来说，追求消费的丰富性——不是想象的丰富性——也需要有所限度。当代社会已经遗忘了这种优秀品质。况且在很多时候，价格低廉的食物也有益于健康（沙丁鱼、卷心菜、苹果、全麦粉、菜豆、种子嫩芽①……），贵的东西反而不利于健康（肥鹅肝、冷餐肉……），露天市场卖的东西——相对于面积"超级"大的"超级"市场——也更加健康和便宜。本地出产的食物更适合我们的身体。万万不能把

---

　　① 此处的嫩芽应不仅指中国人常吃的黄豆芽，也包括豌豆、芸豆等多类种子的嫩芽。——译者注

购物车和厨房橱柜塞得满满当当！也不能铺张浪费！"环保美食"的概念越来越时兴，吃得好很简单，就是要吃得健康，吃得"小气"。

9. 便当

定量的餐食

便当的意思是盒饭，相当于过去农民劳作时携带的便餐、莫泊桑小说里描写的野餐篮子或工人的"饭盒"。便当是属于普通日本人的：有早晨上学堂的孩童（日本学校很少配备食堂），有早晨出门时充满爱意地携带妻子准备的惊喜便当的丈夫，还有想省钱和保持体形的女文员。母亲们为上幼儿园的孩子们准备便当，她们彼此之间在想象力、美观度和创意上暗暗较劲：有人用米饭和海藻做出熊猫的脑袋，有人把米饭做成心形，贴心地炒熟黑芝麻并撒成小宝宝的名字，等等。日本人总是把最好的提供给幼小的孩子，他们认为人的品位是在4岁前形成的。

不管去什么地方——打高尔夫球、逛公园、工作、去海滩、在水边散步——日本人都喜欢带着便当。或许这样能回归流浪的本性，无意识地保障了人类的无虞——只有携带"吃食"的时候，人类才感到安全——可以在他喜欢的任何时间和地点自在地独享午餐。况且，他还用四角折起的方巾把"自家"的一些东西带在身上，这块方巾也可以当桌布使用。

自制便当的乐趣

每个日本人都喜欢谈起自己的便当。与准备正餐不同，便当准备起来并不麻烦，只是要每天稍早些起床。我有位女性朋友，她的丈夫常常开玩笑问，她会不会仅仅为了带着自制便当的乐趣而去上班。

准备自己的便当是开启自己的一天，提前感受"适量"与合口餐食的乐趣。漆器、原木、塑料、多层、分格、长方、扁平、椭圆，日本的饭盒应有尽有。儿童饭盒的容量为 200 毫升，男人的饭盒容量为 1200 毫升。我自己的饭盒容量是 300 毫升，相当于一只柚子的大小。

整个上午都可以提前感受便当的乐趣，从把便当放进包里的那一刻就开始了——学生放在书包里，丈夫放在公文包里，女伴们带着便当一起去郊游……特别是孩子，他把母亲的"气"

带到学校里，就像是把爱的图腾打包，既填饱胃部，也滋补心灵。人们把便当视为一种爱好——厨艺和审美创造性的形式，一种爱的表现——为了自己和家人，也是一种无法舍弃的传统。西方人因为吃三明治而产生负罪感，觉得它是不健康的快餐，对自己健康的不负责任，错过了对"真正"美食的享用。相反，便当却真正称得上是给自己的短暂享乐，有点像英国人的下午茶，让人暂且放下一切。

便当的种种益处

- 手指不沾油：用筷子或小叉子吃饭；
- 没有剩饭：需要多少就准备多少食物，便当是"适度"烹饪的极致，所有食物都是根据自己的口味、胃口、脾性和营养需求来准备的，即使最好的餐厅也无法提供这些；
- 不需要过度包装：便当非常环保，不用浪费和扔掉任何东西。通常可以把没吃完的晚餐留下作为第二天的便当；

- 全面、均衡饮食的一切益处；

- 避免不必要的支出：这是禅宗思想自古以来宣扬的朴
  素的生活艺术；

- 把更多的元气和爱意留给自己，并普惠他人：带着爱
  人元气准备的餐食，更加营养和适量；

- 更具美感；

- 节省时间：不需要在食堂或餐厅排队；

- 享受携带餐食的方便、小巧和符合人体的设计；

- 延续历史和传统；

- 保持身材：每天制作便当的日本人多数都很苗条。

便当的艺术

无论何种悦目的容器，只要能够密闭，就可以作为便当盒
子。外面用毛巾打个漂亮的结，把食物优雅地摆放在里面，就
能叫作"便当"。

理论上讲，一个地道的便当由五种颜色（色与味几乎同等
重要）、五种味道（咸、甜、苦、酸、辛）、五种食材（谷物、

豆类、蔬菜、水果、蛋白质类）和五种烹制方法（煮、生、炖、腌、煎）组成。不过，自制便当其实简单得很，重点是加入尽可能丰富的食材，每种的分量不多，为了制作便当，日本妇女时常冷冻保存小分量的抱子甘蓝、炸鱼、小袋装的菠菜——接触热米饭后大约 3 个小时，"冻菠菜"自然解冻——或蘑菇、小肉丸和豆类咖喱……通常，主妇们周末花几个小时准备所有食材。考虑到家庭人员众多，一年下来节省的钱就相当可观了……

便当或许是最实用、流行和简易的禅修，一切都可以预见，不需要他人的帮助就能完成，避免浪费，以优雅的生活方式来保持身体健康。

本书结尾处附有一份便当制作说明，可以利用容易获得的食材和剩余的晚餐。半份牛肉卷、一个圣女果、少量意大利面、一根小酸黄瓜……其实所有东西都可以拿来做便当。只有流质的食物要避免使用，小心别弄脏手提包的内衬！

10. 设计自己的菜单

精心安排自己的餐食

> 合理地设计一份菜单,其重要性往往让人难以置信,最好经过深思熟虑再拿出这份菜单。它的措辞要明白无误,易于理解,要确实出于实用的目的,不能把各种菜肴胡乱搭配一番了事。总而言之,要通过精心搭配凸显餐食的确切价值。
>
> ——摘自一本年代久远的旧书《合理的节约》
>
> (*Économiser sans se priver*)

营养学家认为,进行均衡的餐食,每天应遵守一定的饮食规则。然而,如果食物品种丰富而且总量合理,就没必要在记录本上填写"是"或"否",才能知道自己有没有遵守饮食平衡的规则。一顿好的餐食是美味的,让人愉快和缓地享用。延续重要的，舍弃不重要的，在这个过程中逐渐发现生活的真义。全面、合理节约和优雅地饮食，让生活中处处都是简单充实的时光。

懂得如何安排自己的餐食，是一切健康饮食和均衡生活的基础，不过，平常准备均衡的餐饭，并不需要高超的厨艺，只需要遵循某些理性原则以及拥有丰富的食材。零食、即食菜肴、速冻食品、街头食品等已不再受到推崇，干净卫生、营养均衡地烹饪美食，对于我们身心健康的影响则更为显著和令人满意。

构思每天的菜单会造成精神负担？

> 一种每天进行两三次的活动，目的在于维持生命，绝对值得我们全身心投入。
>
> ——玛格丽特·尤瑟纳尔，《哈德良回忆录》

考虑做什么饭，总是每个家庭主妇的烦心事。只要没有形成自己的饮食风格，一辈子都会为这个问题操心。平均每天考虑两次怎么吃饭的问题，五十年的时间总共要向自己提问

36500 次。倒不如给自己设定一个程序——只要自己愿意，随时可以更换，制定一个餐饮规划方案，树立几条简便易行的营养原则。

永远珍视"谷物、蛋白质、蔬菜"的三项搭配原则

> 人是自身幸福的主要制造者，也是自身痛苦的主要制造者。
>
> ——埃尔兴格主教[1]

一碗米饭、一条小鱼、一只芜菁……三项搭配原则适用于做饭和购物，既简单易行又富于变化。运用这种方法，不需要进行大量的营养学计算就能保持饮食平衡，在餐饭中长期以谷物、蛋白质、蔬菜三种食物进行搭配，辅以各种作料和添加物（油、坚果、果干、香辛植物、橄榄）。只要坚持这些小小的原

---

[1]　莱昂－阿蒂尔·埃尔兴格（Léon-Arthur Elchinger，1908—1998），曾担任法国斯特拉斯堡教区主教。

则，就能轻而易举地避免很多因不当饮食而患上的疾病！然而这并不意味着日复一日地固守"均衡"饮食的成规，否则就变成另一种制约了。我们的身体器官会对数日之内摄入的食物进行调节运用，如若必要，会把维生素和矿物质储存起来，肝脏尤其起到这种作用。我们不能在一天之内把身体需要的东西全部吞进肚子！

谷物的选择：大米、藜麦、布格麦（bulgur，碾碎了的干小麦）、意大利面、豆类（小扁豆、鹰嘴豆、豌豆……）

蛋白质的选择：奶酪、蛋类、肉类、鱼类、豆类（既被视为谷物又被视为蛋白质类）……

蔬菜的选择：叶菜、根类、块茎类……

水果的选择：除了正常餐食之外，只能吃水果，这是为了摄入水果里的酶——草莓、浆果等红色水果和煮熟的水果可以与其他食物同吃。

别忘记啤酒也含有大量淀粉

在北京，当人们在餐馆里点菜时，首先要选择喝啤酒（他们认为啤酒与谷物的营养成分差不多，因为是啤酒花酿制的）还是吃米饭或饺子（饺子是小麦粉制作的）。如果选择小麦类食品，就不吃米饭。如果选择米饭就不喝啤酒。接下来会点各种小菜，大都是开胃小食。

丰富、独特和香辛植物

食量越少，就有越多的机会准备丰富的饮食。用橄榄面包搭配地中海菜肴，用坚果面包搭配奶酪火锅，或用黑麦面包搭配海鲜拼盘，这些道理并不复杂。相较于单个的菜肴，精心搭配不同的食材更能凸显饮食的精致和个性。你完全可以准备简单而精致的一顿饭：一小片肥鹅肝、苦苣沙拉、烤面包、一杯波尔多红酒；或者一只自家烘烤的小比萨——最地道的比萨只需要面团、几片西红柿和少量奶酪——配上一杯香槟。何乐而不为？秘诀在于把快乐、简单和独特结合起来，打破"头盘、主菜、沙拉、奶酪和甜点"那种永远不变的单调无趣的常规。用羊乳干酪配菊苣，没必要等用完主菜再吃。强烈建议你把甜点当作晚会之后或早餐时的点心。

　　还有一个小秘诀，家里常备四五种香辛植物。细香葱煎蛋、茴香肉汤、撒香芹末的调味汁、罗勒拌沙拉……如果有条件，何不在阳台或窗台上用种植箱种点香辛植物呢？

顺应季节和自然

> 新年第一天，
> 老旧的烧水壶里，
> 水绽出花香。

> ——尚塔尔·佩雷桑-鲁迪
> （Chantal Peresan-Roudil）的俳句

　　格里莫·德拉雷尼埃尔（Grimod de La Reynière）在1803—1812年间出版的《美食年历》（*Almanach des gourmands*）中有一本"营养历"，逐月详细列出当季的食材资源。其中还有一份"营养路线图"，介绍足迹遍布巴黎各区的美食之旅。作为读者的你，不仅要对饮食有所规划，还要考虑季节变化带来的一切不同。夏季的野餐和丰盛沙拉，秋天采摘鸡油菇，冬日里的海鲜和火边烤栗子，春日里新鲜柔嫩的蒲公英……如果不能享受四季的美好，萃取每个季节的精华，那真是无比遗憾，因为想要留下时节的回忆，短暂的机会总是稍纵即逝……在食物上不讲究会导致饮食不健康、生活沉闷乏味并且滋生疾病，甚至会使我们无法摆脱某些情绪状态，剥夺身体机能必需的营养成分。何妨在日常生活中遵循某些宗教传统？大多数宗教传统的主要目的在于调节我们的欲望，预防疾病和避免挥霍浪费。例如，在星期一吃完星期天剩下的丰盛大餐，星期五和四旬斋①期间饮食清淡，斋月期间斋戒，或像印度人一样定期进行断食——根据宗教信仰的不同，每个印度人在每年的不同时期进行断食——封斋的天数最多可以达到120天！

这些传统做法都十分简便易行，也十分合理！况且，在某些确切的日子里固定某些菜肴，也不必再为吃什么而绞尽脑汁，在四季轮替之时，在节日和庆典之外，一年中有足够多的日子享受丰富的食物。顺应自然，遵循礼俗，让饮食充满诗意。仿佛刹那间的小诗，言短而意味悠长。

———————

① 四旬斋也叫大斋节，是基督教的一个宗教斋戒节期，为复活节前的40天。——译者注

11. 好用的厨房

小空间的便利

> 时刻努力尊崇你的神，即使是在日常生活最寻常的事务中。因此，洒扫、沐浴、烹饪也是向神表达尊敬和虔诚的时机，而这个神也可能是……自我！
>
> ——津田逸夫[①],《沉默的对话》
>
> (Le Dialogue du silence)

为了激发哪怕是最简单的烹饪兴趣，也需要拥有一个让人感到惬意、方便和实用的厨房。厨房是临时的祭台和快乐的实验室，不需要多么宽敞高级。如今颇有讽刺意味的是，似乎厨房的设备日益齐全，女性下厨的机会却越来越少。不过，厨房

---

① 津田逸夫（1914—1984），日本哲学家、合气道大师。——译者注

才是一个家庭的核心和温暖之处，无论在本意还是象征意义上都是如此。同样是在这里，我们进行着生命最需要的活动：制作赖以生存的饮食。

真正"设施完备"的厨房并非拥有各种漂亮的最新型稀奇设备，摆满大锅小锅或12件一套的刀具，而是无论我们的心情如何，都会日复一日地在此做饭。与一般的想法恰恰相反，厨房越小就越实用。伸伸手就能把东西从燃气灶挪到洗碗池，从冰箱里拿到案板上，真是舒服极了。U形台面周围空出一两平方米就够了。有人喜欢厨房直通餐厅，有人——如笔者本人——却不喜欢在用餐时闻到烤鱼的味道或看到锅子在火上慢炖。烹饪和享用食物要泾渭分明，每件事都需要自己的时间和空间！

炉灶周围的布置

想要轻松省力地准备每日的饮食，必须具备一些厨房布置的基础知识。花精力的不是烧饭，而是买菜、洗菜、备菜，清洁台面、油烟机和地面，清洗和摆放厨具、餐具，储存食材和食物……少一些盘子和锅具会让生活更加简单。如果饭量不大，可以使用小号的煮锅、平底锅和小号的厨房碗。吃的食物越合乎"自然"，需要储存的各种酱料、调味粉、冷冻食材、罐头、面粉之类就越少，真正花在烹饪上的时间就会更多！

（请参阅本书"结束语"部分开列的厨房用品清单）

分类整理：小篮子

我家里有个小竹篮，里面放着瓶瓶罐罐，像过去的调料瓶或醋瓶大小，用来存放平常烹饪使用的作料：油、醋、盐、胡椒、酱油、芥末、姜、蒜……我很喜欢摆弄这些玩意儿，而且它们确实方便我适量使用这些不同的调味品。用带嘴的小壶倒油，能避免开关橱柜门，拿在手上也更加轻便。有人把油、醋和调味罐长期摆在台面上，不过这样很快会弄得黏糊糊的，不仅碍眼还占用空间。把所有调味料放在触手可及的小篮子里，就不会在找盐罐子或往砂锅里撒胡椒的时候把鸡蛋煎糊了。如果需要的作料比较多，或许可以再增加一只小篮子摆放你的宝贝。这种收纳方法还有一个好处，可以避免购买过多容易跑味儿和变质的调味品。几克小豆蔻或姜黄足以激发菜肴的鲜美，因此一小袋的调料就够用好几个月。每次做饭后，我会把篮子放回原处。通常，我会买品质比较好的小瓶装油和醋，我早就抛弃所谓每种作料必备三个品种的做法了。我喜欢购买品种丰富的当季蔬菜。至于调味酱，除了蛋黄酱（软管装的蛋黄酱较易保存，而且使用起来很方便，可以搭配牛奶、鳕鱼籽、番茄酱、香辛料、柠檬……），我喜欢尽量自己做，随心所欲改变配方。

按"功能"对厨具归类

刀具应该靠近案板、铝制容器——用于盛放拣好的蔬菜、浸泡的肉和拣菜剩下的垃圾等，同理，搅拌用的碗和小漏勺也需要放在一起。所有这些都要尽量靠近洗碗池，这些小细节可以节省大量精力和时间，甚至可以让你体验到"游戏其间"的新鲜乐趣。我的日本女性朋友们教过我很多她们认为习惯成自然的小小操作：在案板上做标记，一面切肉另一面切菜以防串味儿，收拾鱼的时候铺一层保鲜膜，用报纸把不要的部分包起来，然后装进塑料袋，以防散味和弄脏垃圾桶。这些深思熟虑的小细节和"达人"小技巧，使我很喜欢下厨，有条不紊、讲求方法地做事，对我而言不失为一种神圣的仪式。我在厨房中感受的幸福来自内心的一种想法：每件物品都处在它应在的位置上，每件器具都让我得心应手。20厘米的长柄平底锅足够烹饪两人或更多人的菜肴。长柄平底锅和双耳盖锅一样轻便，让我忍不住像小时候玩儿过家家游戏一样使用它们。把各种厨具的尺寸减到最小，领悟这一秘密后，我享受到前所未有的烹饪乐趣。

冰箱

随着生活日渐"现代化"，冰箱越来越庞大，仿佛我们要为整个军团储备粮食！如果每三天购物一次，一个小冰箱就够用了。很多食物可以保存在橱柜里，天知道为什么把它们放在冰箱里（芥末、蛋黄酱、鸡蛋……），再买冰箱切勿超出你的所需。而且，相对于小冰箱，大容量的冰箱除非塞得满满的，否则不仅耗电多，而且发热量大。最后，如果冰箱太大，很容易忘记食物放在哪里。有个中国大厨曾经在电视上说，我们要每三四天完全"清空"一次冰箱（与清肠是一样道理），直到下次购物之前。中国人认为，饮食首先要保证获取最新鲜的食物，而且不要浪费。

洁白的抹布

——你米饭吃光了吗？

——吃光了。

——好，去洗你的碗。

——一位禅师对弟子的教诲

我在禅寺住居的时候，被一件事吸引了，当然有人觉得这是一种怪癖：抹布都干干净净的。抹布通常并不惹人喜欢，它们在厨房里到处乱放，显得凌乱、碍眼和肮脏。不过，把洁净当作第二天性的日本人，却痴迷抹布、毛巾等一切洗刷、擦抹和防尘的物品。这里仍然有个小秘诀，把不超过手帕大小的小抹布浸湿叠好，可以垫在备用刀具的锋刃下面，在清洗碗碟的时候进行擦拭，可以防止器皿落灰。白棉抹布再好不过了，它更易保持清洁。吸水性好的旧布尤佳（可以自己用双层细棉纱布制作抹布）。每天晚上可把抹布浸在不锈钢小盆里或洗碗池里，里面滴几滴洗洁精，放置整整一晚。早上把抹布摊开，到晚上，干燥的抹布挂在钩子上，恰好方便使用！对日本妇女来说，把厨房抹布和内衣同时洗是无法想象的；更不用说熨烫和折叠抹布要浪费多少时间！

刷锅洗碗，爱惜厨具

> 女人刷锅的声音，与蛙鸣相和。
>
> ——良宽法师[1]，俳句

如果趁着做饭的间隙刷洗厨具，当食物在灶上煮的时候，以及当你开始用餐的时候，厨房就能保持十分整洁。刷洗的时候，欣赏厨具的美丽、细致和精湛工艺。禅宗认为，清洗锅碗的时候，要像对待自己的眼眸一样仔细。用好的锅碗才能做出赏心悦目、难以忘怀和带有神圣气息的饭菜。如果理解了家务

---

[1] 良宽（1758—1831），俗名山本曲，日本江户时代诗僧。——译者注

劳动对于我们身心平衡的重要性，或许我们会更加重视这些劳动。这些琐细的劳动能够细致入微地解决生活的新苦恼和生命过程中的空虚感。然而，让生活变得更加美好、富足和活泼，其实非常简单！举例来说，整理得井井有条的厨房，就能带给人和谐感。不是军事化纪律，而是简单有序的生活。把烹饪用具放在一角，食器放在另一边，把所有餐桌用品（桌布、餐盘、蜡烛、餐巾、刀叉、餐刀架、筷架……）归类放在一处，总之，准备充足且秩序井然，会使某种劳动变得崇高。要留意各种用品，比如一只旧的长柄小平底锅，经过几十年使用而呈现优雅的炭黑色，因为自然浸油而防粘——铸铁锅一般只需擦拭干净，只有烧鱼之后才用刷洗——锅子旁边是折叠得整整齐齐的洁白毛巾，把刀具磨得锃亮，然后将银光闪闪的刀刃铺在毛巾上，这对我来说才是真正的艺术作品，一件让我平静、安慰和感动的画作。每件厨具都让我想到制作它们的工匠、用它们制作出的一道道菜肴以及它们日复一日忠诚地服务于我，就像善良而寡言的仆人。这些厨具都是我的好友。它们越老旧，我对它们的感情越深厚。

怎样处理太大的厨具

即使家里有三四个甚至更多人，或者家里常有客人，也不需要很多厨具。用小小的双耳盖锅和长柄平底锅就能做出很多菜肴。再加上一个大色拉盆和一只焗盘就够用了。人要学会适应生活条件，众所周知，生活是永远处于变化中的。只留用合手的厨具，也就是你愿意拿起来，愿意保养维护，真正喜欢和使用的那些厨具。

12. 亲自下厨

半烹饪

> 我是对着牵牛花吃饭的男人。
>
> ——松尾芭蕉[1]

啊，妥协中庸的魅力！仿佛鲜花半开或饮酒半醉，简单而精致的烹饪真是魅力无穷。如果没有空闲或不想麻烦，不妨体验下所谓半烹饪这种烹饪方式，做饭所需的时间极少，但同样健康而美味。大概花费 15 分钟就能做好一顿饭，而且不需要什么高超的厨艺，只要几条"锦囊妙计"。一刻钟的时间，就能把普通的沙丁鱼罐头和番茄意大利面变成一顿美餐，这种美食

---

[1]　松尾芭蕉（1644—1694），日本俳句大师，有"俳圣"之称。——译者注

的做法再简单不过了（参见本书末尾的菜谱）！半烹饪是即食菜肴和外卖的替代方案，也不同于好友相聚的豪华大餐或名师大厨的拿手好菜。的确，烹饪是一套完整高深的艺术，但并不是每个人都有意愿、时间或手段天天展示厨艺。

因此，半烹饪是一个极佳的选项，适合于吃腻了现成食品、关注身体健康，以及想缩减预算并节省做菜洗碗时间的人。

不过，根据自身的经验，我要提出一点建议：至少在最初的阶段，你要殚精竭虑，尽量运用最少的时间、食材和技巧来做出美味的菜肴。

如果做出的饭菜称不上美味省时，并且营养丰富，你很快会重蹈覆辙，把锅碗灶具弃置一旁，重新吃那些流水线食品、快餐或熟食。万事开头难，不过只要坚持不懈，就能获得报偿和改变。

简单烹饪

火光映透着，他的脸色像烤沙丁鱼。

——日野草城[①]

[①]　日野草城（1901—1956），日本俳句诗人。——译者注

只有十分富足的人才能在舍弃中更加充实自己。烹饪也符合这一原则，其关键是"简单"二字。

习惯不放或少放盐，煎鱼的时候只翻一次就出锅，与一片青柠和一只蒸土豆一起摆盘，再搭配一根用酸醋调味汁调味的小葱，这样的烹调法并非无师自通，但烤鱼比烤肉更加简便和健康。

优质的意大利面（新鲜的更佳）只要配上少许黄油、几棵芦笋、数滴橄榄油和传统的帕尔马干酪碎末，就能做出一顿美餐。简单的饮食就是一碗石榴籽或加糖的小草莓，配一杯香槟作为开胃菜，主餐只吃现烤的长棍面包配少许鲜黄油，以及一碗小扁豆浓汤。

奢侈生活的艺术，往往就是少的艺术：少量最新鲜的美味食物。

若是食材具有天然的味道，日本厨师就不再画蛇添足。这是日式料理的基本原则。不做加法，而是做减法——去除苦味或其他不好的味道。或者只做"略微"的增加，添上少许的味道。五星级的"纯天然"餐厅会提供略微加糖的西红柿，"白利糖度值为9"，普通西红柿的白利糖度值为3.5，所谓白利糖度（Degrees Brix），是对蔬菜水果的糖度分级。西红柿切得很好看，下面铺着碎冰，上面撒一层极薄的盐花。

几种优质但易得的食材漂亮地摆在餐盘里，这就是健康朴素又不失享受的饮食。这种简单的饮食以尽可能天然为目标，或许能让人体验前所未有的优雅。

菜谱

> 最高深的烹饪书籍也无法取代最粗陋简单的晚餐。
>
> ——奥尔德斯·赫胥黎（Aldous Huxley）[1]

　　有的菜谱是从杂志上、互联网上收集的，有的是朋友、家人之间口耳相传的……信息社会越发达，让我们头晕目眩的选择就越多，我们就越是无所适从，不知道如何判断，不懂得如何发挥我们本身具有的创造力。厨艺成为一种时尚风潮，与贪得无厌的其他表现形式——寻欢作乐、追求异域情调——一样，不断地在我们耳边絮聒："改变、尝试、购买。"我们的老祖母们并没有菜谱书，她们却完全懂得怎么做饭，如何使用当季的、

---

[1] 奥尔德斯·赫胥黎（1894—1963），英国作家和哲学家。——译者注

新收获的食材让一家人饱餐。她们所凭借的，只是她们的祖父母们传授的道理和知识。

日本有句俗语："重要的不是学习，而是实践。"有一天，我决定把所有菜谱书统统拆开，我买这些书主要是因为图片好看，这次我只把那些非常喜欢或有利于健康的图片标注出来。我参考过几次这本小册子，但现在更喜欢根据市场上买到的食材"即兴发挥"。这就是健康地道饮食的秘诀，也是实现身心平衡的最好方法。

掌握调味汁的艺术

在大餐厅里，调味厨师的地位很高。因为调味汁往往是一盘菜肴成功的秘方。在日常饮食中，调味汁仍然是贯通朴素和享受的桥梁。几年前，"轻酱汁"（mini sauce）大师玛丽安娜·科莫利（Marianne Comolli）曾经说过，不起眼的调味汁能让家常菜口味出众。因此有必要学习几种调味汁的制作方法，比如鸡蛋黄油酱、柠檬酱、蔬菜酱或果酱。制作酱汁，需要有一台搅拌器。剩余酱汁可以置入冰块盒中，然后套上保鲜袋保存。

　　不过，切记不要追求酱汁齐全，你会发现一只原味的鳄梨也很好吃。如果确实想动手做菜，可以选择一种合适的酱汁，以健康营养的方式烹调。如果"食物之外不加或加极少的调味汁"成为一种新的烹饪潮流，而且糖和脂肪让人更加闻之色变，那么无论是烘焙、烧烤还是锡纸菜肴，美味营养的"轻酱汁"都能够锦上添花。一匙轻酱汁的浓汤，含热量极少，口味却极佳。玛丽安娜说："口感清淡，不一定是淡而无味或味同嚼蜡，而是味道更加细腻。"

对蔬菜的礼赞

　　　　即使是一片生菜叶子，我也对它满怀着感恩，因
　　为它滋养了我，转化为我的血肉。

　　　　　　　　　　　　　　　——津田逸夫，《沉默的对话》

　　日本传统的居室，都在客厅里有个凹间（床の間），这是一种壁龛，通常摆放两件艺术品、一轴绘画、一瓶插花或一件小

雕像。偶尔，在插花的位置可以看到一把小葱、一颗带着绿叶的小萝卜或一只小南瓜。日本人认为这些蔬菜也值得欣赏和崇敬。有位教烹饪的老妇人说，她把蔬菜捧在手上时总是尽量小心翼翼，满怀爱意，生怕"伤害"它们。更不必说，烹饪蔬菜的时候要多么小心在意……主妇们穷尽自己的厨艺，发挥蔬菜本身的味道，摆盘也力求美观自然。虽然用刀细细地切成方便筷子夹取的小块，但是烤茄子仍然要原样摆盘呈现。她们总要选用瓷器、炻器或玻璃造型器皿，更能烘托蔬菜的色与形。醋渍白萝卜盛在黑色小钵子里，玫红色的寿司姜用彩色炻器盛放，糖渍羊栖菜（呈现光亮的深褐色）用哑光深蓝底色的容器。

食材质量和味道力求尽善尽美

死去之时，何不吃着苹果，面对牡丹？

——正冈子规[1]，《一百零七首俳句》

---

[1] 正冈子规（1867—1902），日本俳句诗人，作家。——译者注

人们常常把"优质"和昂贵产品混为一谈，其实两者不见得是一回事。你是否曾经在雪地里采过野苣菜做早餐？它的爽脆口感是菜园里栽种的苣菜所不具备也比不了的；用新鲜牛奶做出的奶酪与巴氏奶做出的奶酪也不可同日而语；菜园里的新鲜蔬菜又是市场化的温室蔬菜不能比的。好的食材真是让人大饱口福！

第四部

享乐和心灵食粮

13. 我们的感觉和享乐

刺激感官

诸位，今天请大家听我指挥，喝什么酒，吃什么菜，都是有学问的。请大家不要狼吞虎咽，特别是开始时不能多吃，每样尝一点；好戏还在后面，万望大家多留点儿肚皮……

人们哈哈地笑起来了，心情是很愉快的。

……吃，人人都会，可也有人食而不知其味，知味和知人都是很困难的，要靠多年的经验。

——陆文夫，《美食家》

生活是永远变动不居的，我们的健康不是一天比一天好，就是一天比一天差。我们"消化""代谢"着所看到、听到、触到、品尝到、感觉到的一切事物，让感官体验既刺激又富于营养的东西，这正是健康生活的一部分。充满期待的味蕾不停地吸收新的感觉：食物的质感，食器、桌布，直扑口鼻的香气，漂亮的盘子，气泡噼啪作响的香槟，听到时心底快活地颤动起来……千万不要只顾狼吞虎咽，要好好利用上天赋予你的五种感官，让快乐最大化。吃得过多，通常是由于我们不能把饮食限制于自己真正喜欢的食物上。

本书开篇便说过，改善健康和生活方式，需要缩减饮食。同时，在饮食的时候，要更加快乐、享受和自信。这种态度包括如下几个方面：

- 食不厌精；

- 重新设定交际原则；

- 增加元气；

- 制定自己的精神营养法；

· 食物和审美永远不可分割。

如何饮食、热爱饮食、懂得怎样以及与谁分享食物，是需要活到老学到老的学问。感官的享受是一个习得、训练和自我丰富的过程，每次新的体验都让我们变得与以往不同，最终学会新的生活方式。就像在绿意盎然的花园里，即使缺少花朵，我们的眼睛仍然被一片片叶子、一根根树桩、一颗颗石子、一处处青苔所吸引，能注意到绿色、褐色和灰色的层次变化，我们的味蕾也能在生菜叶、刺山柑和海螺那里发现新的乐趣。饮食因此而成为赏味与优雅的行为。著名厨师若埃尔·罗比雄（Joël Robuchon）说过，在所有艺术中，唯有烹饪同时唤醒五种感官。食色性也，绝非偶然。科学研究表明，饮食、性行为和音乐所调动的脑细胞是相同的。快乐饮食，是少食的唯一必要条件。慢条斯理、全神贯注地吃几根薯条，并不是浪费时间。

不过，烹制美味佳肴可不仅仅是为了饮食得宜，也是为了提醒自己，我们不必对食物来者不拒，可以只享用最好的食物。比如，拒绝一次吃五六盒零热量酸奶，而品尝一盒真正的酸奶！

味觉和舌头

> 由于感官的孱弱，我们每个人只能感知世界的极小一部分。
>
> ——亚历山德拉·大卫-内尔
>
> （Alexandra David-Néel）[1]

或许我们不了解，在我们的口腔里，有大约 7000 个味蕾，主要位于舌头上表面、腭黏膜和口腔后部。每种滋味都能被某个特定的部位感受到。比如，舌尖和舌头前部侧边感知甜味，舌背感知苦味，舌头侧面和底部感知酸味。几乎舌头的全部表面都可以感知甜味。因此，我们特别喜欢舔冰激凌，也喜欢用细颈瓶喝啤酒。它们的滋味直接抵达味蕾，不会被勺子或杯子阻碍。用碗喝汤，把碗直接送到嘴唇间，可以品尝汤里的所有滋味。食器很重要，每口食物的大小多少也不可忽视。

---

[1] 亚历山德拉·大卫-内尔（1868—1969），法国女性东方学家、作家和探险家。——译者注

听觉

一切智慧莫不首先存在于我们的感觉。

——亚里士多德,《形而上学》

在火中闪闪发亮的栗子,暴怒的蟋蟀,它们会发出乐声吗?在我们的各种感觉中,听觉与食物的关系看似最疏远。然而,蔬菜沙拉或黄瓜只有在口齿中被咯吱咯吱地咀嚼时,才能带给人真正的快乐。啤酒爱好者绝不会错过欣赏打开瓶盖时悦耳的哒哒声。香槟在水晶酒杯里突突冒泡,不逊于天籁之音!滚水浇到干茶叶上,发出的噼噼啪啪声,让饮茶者感到愉悦。主妇从油炸食物发出的响声中可以判断油温;她会"叩一叩"牡蛎,判断是否新鲜;敲一敲甜瓜,看看熟没熟;弹一弹面包,看看烤得如何。

广而言之,为了丰富盛宴的氛围,要选择需要什么样的声音入耳,才不会产生不协调:寂静无声?音乐?自然的声音?中国音乐背景搭配春卷,巴洛克音乐配合肥鹅肝……这涉及和谐以及品位!

触觉

> 他有着不可思议的能力，能够分辨烹饪的极其细微的差别，也会欣赏餐桌的木质、桌布的材料、餐巾的尺寸和酒杯的轮廓。
>
> ——埃克托尔·比安西奥蒂（Hector Bianchotti）[1]
>
> 《仿佛鸟儿在空中留下的痕迹》
>
> （*Comme la trace de l'oiseau dans l'air*）

快餐和三明治的流行，谁知道是不是有部分原因在于我们用手指进食？把食物直接送入口中，是人类最原始的满足感之一。如果面前有薯条，我会抛开一切端庄典雅。拿起一根薯条，轻轻地咬住，品咂其中滋味，不就是人间至味？这也是一种"合乎营养学"的享受快乐的方式。日本人吃寿司时用手拿。我曾经有次给一个日本朋友蒸抱子甘蓝，他不假思索地就用手拿起这种从未见过的蔬菜吃，像吃大个草莓一样。谁能否认大半

---

[1] 埃克托尔·比安西奥蒂（1930—2012），出生于阿根廷的法国作家。——译者注

夜抓起餐桌上剩下的鸡腿大快朵颐时的那种快乐呢？

　　用手指把食物送入爱人或孩子的口中，是非常亲密和充满爱意的举动。轻抚盛着红酒的酒杯，把热乎乎的碗托在手掌心，用双唇感受冰块的凉意，都是尝试新感觉的机会。

　　我曾去日本乡村深处的一个小酒吧，在吧台明亮的玻璃橱窗后面，摆放着一整套玻璃杯，其中有一个镶嵌着大颗红宝石的水晶杯。我惊讶不已地询问老板，他回答说："有的顾客喜欢用自己的杯子喝酒，这只杯子是一个有钱的企业主的，不过他只喝橙汁！"在日本还有一个贴心的习惯，让人在就餐时更加舒服，那就是准备一块湿毛巾。湿毛巾是一块卷起来的棉毛巾，浸湿拧干，咖啡厅和餐厅会在顾客落座后提供给他们。在家招待朋友的时候，甚至在香水店的柜台上，都会提供湿毛巾。通常，开始就餐的时候，毛巾还是热的，就餐结束的时候变凉了，可以让人凉爽一下：男人们喜欢用湿毛巾擦把脸，女人们喜欢擦手。湿毛巾有时洒上薄荷精油，有很强的醒脑功能。闻到它的气味，人们便愉快地知道就餐时间到了，暂时抛却一整天的疲惫。

嗅觉

> 我静静地回忆起午间送到的面包、四点钟时候的乡村奶酪、祖母的"樱桃"、壁橱、衣柜和花园里散发的种种健康的气味。这个梦中的故土，总是萦绕我的心头。
>
> ——阿兰-富尼耶（Alain-Fournier），
>
> 《通信集》（*Correspondance*）

在所有感觉中，嗅觉或许在绝大多数时候充当背景作用。不过，丧失嗅觉的人却认为自己失去了生活的滋味。土地、大海、山峦……生命中的种种气味都有可能摆上我们的餐盘，邀请我们呼吸生命和自然。呼吸也是饮食的一部分！进食的时候嗅不到食物的气味，等于剥夺了身体应得的享乐。深深地嗅一口，仿佛是在延长就餐的乐趣，打开快乐的情绪，用心感受盘中的种种美味。有些瘦身专家推荐用嗅柑橘的办法减肥。闻一闻红柚有助于改善情绪，就像薰衣草助眠和茉莉花醒神一样。有位美国女性朋友告诉我，晚上等待丈夫回家的时候，即使没有做饭，她也会烤一些洋葱：丈夫迈进家门，会觉得她在厨房忙碌了几个小时。

视觉

> 美抚育心灵。食物满足身体，激动人心，繁复优美的画面满足心灵。
>
> ——托马斯·穆尔（Thomas Moore）[1]，
>
> 《心灵的照料》（*Care of Soul*）

在一项关于积极情绪的研究[2]中，四位美国研究者——珍妮特·哈维兰-琼斯（Jeannette Haviland-Jones）、霍利·黑尔·罗萨里奥（Holy Hale Rosario）、帕特里夏·威尔逊（Patricia Wilson）和特里·R.麦圭尔（Terry R. McGuire）发现，人们之所以喜欢鲜花，不是因为它们的象征性价值、社会价值或商业价值，而是因为鲜花能够对接受者和

---

[1] 托马斯·穆尔（1779—1852），爱尔兰爱国诗人。——译者注

[2] "An Environnemental Approach to Positive Emotion: Flowers", *Evolution Psychology*, vol. Ⅲ, 2005.——原注

观赏者的情绪发生影响。美丽的鲜花不仅能马上激发积极的情绪，而且可以持久改变我们的性情，甚至增强我们的记忆能力。总之，鲜花不仅仅芬芳扑鼻、明艳照人，而且对我们大有裨益。

音乐、诗歌、仰望星空、诱人的蔬菜、海鲜等，我们的身体、精神和心灵所吸纳的一切，都为我们提供养分。食物不仅可以品尝，还可以悦目。美，也是一种食物。

14. 只接受最好的滋味

吃得越少，越享受食物

> 我的口味很简单：仅满足于最优质的食物。
>
> ——奥斯卡·王尔德（Oscar Wilde）

用过多的食物来寻求幸福，那是南辕北辙。自助冷餐或鸡尾酒很少会让人感到心满意足。我们的眼睛比胃口更大，通常把肚皮塞得满满的，事后感到又撑又后悔。如果只吃一些烟熏三文鱼，几片生菜叶，喝一杯上好的白葡萄酒，在克制中便可得到快乐。在某次婚宴中，我只吃了一点肥鹅肝——日本人一般是不吃这东西的，喝了一点香槟。我一直牢记这次的选择，第二天它没有让我增加一克体重，也避免了消化不良……

预想一下美食的乐趣：对美食大餐的期待越多，真正吃

下去的就越少。把每顿饭变成一场庆祝。怀着最愉悦的心情
接受对你真正有益的食物。享受美食，更加欣赏自己的睿
智、克制和超脱。一旦明白这样做是非常简单的，你便会惊
讶自己为什么不能及早醒悟。等到胃部恢复正常尺寸，便不
再咕咕喊饿，你也终于能够少食和享受更多的饮食快乐，这
就是自觉的朴素饮食。饮食的朴素扩展到生活的各个领域，
成为一种享乐！

发现真爱，放弃其余

> 徒弟问："什么是道？"
>
> 师傅回答："对显而易见的事物的敏锐洞察。"
>
> ——亨利·布吕内尔，《禅宗故事集》

即使"寒酸"的厨房也能做出精致的菜肴。天然的食物比
人造香料和脂肪堆砌的食物更让人感到满足。然而，在很多人
眼中，天然食物等于乏味无聊。加一些柠檬汁和杏仁碎的烤鱼，
对于从容不迫品味这道菜肴的人来说是一顿美味。很多简单而

健康的菜肴，我们虽然享受其中，但从未过多留意，这样的菜肴种类可不少。把自己喜欢的菜肴记下来，下决心只吃这些菜，有助于改变自己的饮食方式。记录我们喜欢品尝这些菜肴的时间和地点也很有必要，夏日早晨享受新鲜的桃子酸奶，冬日里喝下热腾腾的麦片粥，这种快乐常常被我们抛诸脑后。如果我们的饮食只是任性胡来或为了犒赏自己的辛苦，那就谈不上有所选择。我们若只是为了填饱肚子，结果只能对自己产生更大的失望和厌恶。为了忘掉这种感觉，我们只好继续塞满自己的肚皮。

不急不躁，细嚼慢咽

> 在所有享乐中，最难得的才感受最强烈。
>
> ——德谟克利特，《残篇》

面对色泽诱人、让人胃口大开的水果，想象自己的身体是一座自然神殿。不急不躁，让身体细嗅、观赏、品尝，吸取食物的精华。带来快乐的不是食物本身，而是我们的进食方式。如果一顿饭准备得草率，吃得仓促，环境嘈杂不适，只会对身体和精神造成紊乱。健康和舒适是建立在快乐之上的。如果过度进食，我们就无法体会品尝食物的快乐。

首先，练习只吃一小口就放下餐具。尽可能缓慢地细细咀嚼，发现在此期间食物散发的不同滋味。匆忙下咽能有什么好处？毕竟饮食的乐趣只持续这短短的一刻。一旦食物离开味蕾，它就化为回味，因此要最大限度地延长这一乐趣！尝试品味食物的软嫩、爽脆、入口即化、甘甜、苦辛、余味悠长……开始时可以专心品尝一种食物，接下来可以把两种食物一起品尝。两者究竟是相辅相成还是互相抵牾？

在日本，一份精致的菜肴从不超过两三种食材，汤羹也是一样。因此强烈建议不要在餐盘和口中塞满过多种类的食材。认真享受一粒葡萄籽或虾头的滋味，是一种有益的学习。你一口食物咀嚼几次？你是否记得，咀嚼次数越多，越能品位食物的真正价值？你需要吃下的食物也因此更少。在分寸、节制和有所不为中寻找完美，你一定能得偿所愿。

食物和情绪

> 如果逾越了节制，最大的快乐将变成最大的痛苦！
>
> ——塞涅卡[①]，《论心灵的安宁》

饮食不仅是消耗食物，也是感受情绪。换言之，菜肴不会说话，却能给人感受，多少情绪与滋味和香气有关！很多时候，是各种情绪让我们感到饱腹或饥饿。我们不是只会吞噬卡路里的简单热力学机器，而是会思考、有情感的人，总归有自己的感觉。因此，应该选择带给我们积极情绪的食物，只有这些食物可以满足我们的口腹。想一想你在品尝食物那一刻的感受，它让你产生什么回忆、灵感和联想？除了自己的身体，人一无所有，身体能带给他很多快乐。只要培育自己的感觉，就能轻而易举地提高生活质量。身体未经练习，眼不明，耳不聪，味蕾麻木，感觉迟钝，生活缺乏刺激，显得沉闷可悲。把自己的一餐当作重要时刻，不要敷衍了事。据说咀嚼 30 次可以延年

---

① 塞涅卡（约公元前 4—65 年），古罗马政治家、作家、斯多葛派哲学家。——译者注

益寿：每次遇到特定的菜肴，都会引起快乐的记忆。这些记忆似乎激活某些脑神经，要避免这些神经细胞因为无法激活而消亡。老年病学家已经从科学方面认识到，快乐是健康长寿的最重要因素。要训练自己品尝食物的能力，可以试试寿司。寿司恰好是一口大小，至少有 30 个不同种类，每个季节的寿司都不一样：各种鲜肥的鱼肉，冬天有贝类、鳗鱼……色彩也多种多样：金枪鱼的各种红色、虾和鲷鱼的玫瑰色、鲭鱼和沙丁鱼的蓝色、墨鱼的雪白色、黄瓜的绿色……肉质或光滑或粗粝，或者很有嚼劲儿，或者分外软嫩，甚至每块食材的切割方向和厚度都会让人的感受存在差异。米饭的丰富种类可以媲美西方国家的面包。米饭的甜味和醋的酸味、盐和辣根之间的精妙平衡以及日式酱油的滋味，都要仰仗厨师的功力。

无味的礼赞

为无为，事无事，味无味。

——老子

　　习惯是第二天性，我们习惯的一切都会失去魅力，美食的乐趣也是如此。在用餐时，通常要吃咸食和甜食才能填饱肚子——咸的东西勾起人们吃甜食的欲望，甜的东西也勾起人们吃咸食的欲望。不过习惯于吃"淡而无味"的食物，会减少我们的欲望，让我们更加专心品尝每一种滋味。面对蔬菜、美味的鱼肉、烤物，添油加醋的功夫越少，越能发现其中的微妙味道。其实，每种苹果、梨子或每种蔬菜都有与众不同的味道。不用添加盐和香料，你会一点点发现更加细微的滋味。渐渐地，你会对某些食物的味道无动于衷，转而发现其他食物。你将找回天生的直觉，凭直觉选择既符合自己的口味又有益于身体的食物。口味的变迁将使你产生新的选择性嗜好，你会更加喜欢全麦面包而不是白面包，海鱼而不是养殖鱼。感官对食物产生渴望，你才能享受食物，而感官是受大脑控制的。为了这种"隐秘"的快乐，日本人提供一种初看上去滋味寡淡的烹饪。没有任何配菜的荞麦面、几滴酱油、一抹芥末就能激发未知的滋味！

　　中国传统思想认为，无味是"中庸"之道。在麻木和敏锐之间，无味开启了新的感觉：人们在无味中可以瞬间感受到其他味道，但这种感觉稍纵即逝。无味向人们一一展示各种味道，它的用处恰恰来自平凡质朴，给人某种平和宁静。

15. 食欲和审美

促进食欲的食物

> 张潮:"能闲世人之所忙者,方能忙世人之所闲。"①
>
> ——林语堂,《论生活的艺术》

每种食物的呈现都应该像一件艺术品,无论是放在盘子里,还是托在生菜叶和柠檬皮上(用勺子去掉柠檬皮内部的絮丝,可做虾子沙拉的容器)。绛红、翠绿、雪白、椭圆、凹凸、细长、圆润……大自然向我们提供了各种颜色、形状和质地!在青蓝色盘子上放几片西红柿,用黑色漆碗盛鹰嘴豆浓汤,红色菜椒衬托鸡肉的雪白,新涨开的豆荚,含着五粒漂亮

---

① 这句话出自明代张潮的《幽梦影》,被林语堂《生活的艺术》所引用。——译者注

的豌豆，把它摆在盘子里就是天然的艺术……把菜肴的颜色与盘碟搭配，注重食物的美感、美味和健康，这是生活的一大乐趣。与维生素一样，食物的美好外形也滋养着我们。因此，我们烹饪菜肴，要像西藏的僧人绘制沙画一样投入，沙画一旦绘好，他们就把它毁去。优雅地生活意味着从容不迫、全神贯注，优先考虑极少的事情，避免精神和生活陷入一团乱麻。把栗子切为两半，用摩卡勺舀着送入口中，把甜瓜切成小球，放在冰砖上，冰砖里可以搁几片绿叶（可以用半升容量的空牛奶包装盒制作冰砖），打开一盒沙丁鱼，撒些面包屑并滴几滴柠檬汁，然后在烤箱里加热。发挥和运用自己一时的灵感，不要依赖烹饪书。上世纪初的日本天才厨师北大路鲁山人对日本艺术做出颇多贡献，他在陶艺和烹饪上都有非凡的才华。他为自己烹饪的每道菜都制作最合适的陶器。日本人认为，每一餐的典雅庄重，一半在于菜肴如何呈现，另一半才是菜肴的味道。

简单即为美。美即是纯粹。纯粹是洗尽铅华。寿司风靡世界，是因为它外形优美、滋味绝佳、营养丰富和易于入口。总而言之，是简单之美。

餐桌还是餐盘：如何让生活细节充满诗意

> 居所狭窄、囊中羞涩、饮食寒酸，能干的女人会想办法进行整理，让各种物品在房子里各得其位，把好位置留给合适的物品。她认真而艺术地对待各种家务，对于必须做的事情要好好完成，她觉得这种态度并非富人的特权，而是所有人的权利。这是她的目标，她展现了如何让自己的家拥有贵族宅邸的尊严和漂亮，要是把所有事情都交给佣人，他们是无法搞定的。

> ——夏尔·瓦格纳（Charles Wagner）[①]，《简单生活》

为每一餐进行思考、准备，最后呈上餐桌，都是具有创造性的。把一两支堇菜插在花瓶里，酒杯旁放一支蜡烛，为餐桌搭配合适的台布，这种小小的仪式并不费力，却能给人带来几个小时的愉悦和满足。与食物相关的器具都要精致，哪怕只是早上喝杯咖啡。日常生活中，总体和每处细节上的美都对我们的精神、心理和幸福感产生某种魔力。并不需要很多花费，只

---

① 夏尔·瓦格纳（1852—1918），法国神父、作家。——译者注

要带着格调、优雅和品位来利用现有的东西就可以。我们周围的一切都可以变得更美：街巷、房屋、梳子。如果人们的周围更美丽，就会减少自己的消费欲、破坏欲和攫取金钱的贪欲。面对夕阳美景，其他东西还有什么意义？美的事物有益于灵魂，让心扉更加宽广，哪怕一件旧厨具，虽然价值低微，但若是受到珍视，也能唤起人们内心的充沛感情。刀痕累累、斑斑点点、边缘不规则的木案板，或许是幸福生活一辈子的象征物。

食物以及进食的方式将不断影响我们的生活

人们常说，日本菜不是用来吃的，而是供人观赏的。如果确实如此，那么我也要说供人观赏的东西也是冥想的东西，而这种冥想也是由于昏暗中摇曳不定的烛光和漆器合奏的无声音乐所起作用的结果。①

——谷崎润一郎，《阴翳礼赞》

---

① 译文引自《日本文化丛书·阴翳礼赞》，丘士俊译，生活·读书·新知三联书店，1992年，第16页。——译者注

正确的以及在适当条件下摄入的饮食，与身心的健康相伴而行。触动感觉的一切都会在我们的生活中引起涟漪。正确的饮食不仅事关饮食健康，还要拥有对生活的渴望，对幸福的渴望。身体恰当地摄入饮食，必须细嚼慢咽，营造舒适的就餐环境。

例如，就餐环境的光亮度会影响我们的健康和情绪。有的光线让人心情平和，有的却让人感到紧张躁动……西方国家没有在月光下就餐的传统，而在古代日本，某些节日时要在月光下就餐，这样做的目的，不仅在于"审美趣味"，而是对生活的投入。饮食之美，就是饮食得宜。视觉方面追求的极致，或许就是最朴实无华的传统日本料理：每道菜首先要赏心悦目，与艺术品别无二致。

食相优雅的简易美食

想知道樱桃和草莓的滋味，要问孩子和鸟儿。

——歌德

即便一道蔬菜杂烩，我的一位女性朋友也会把所有食材切得细细小小再下锅。这样做不仅是为了减少烹饪时间，也是因为她自己喜欢容易入口的食物。把火腿切成容易入口的小块而不是很大一片，把肉块切成一口大小，这是对别人的礼貌和体贴，也是对自己的关心。要是费劲地用叉子把整片生菜叶折起来，还不小心把酱汁沾在嘴上，怎么可能舒缓而优雅地进食呢？如果所有食物都很容易入口，也不会弄脏嘴巴，餐巾似乎就失去用武之地了？再次强调，把恰好一口或松软的一勺食物美美地送入口中，没有鱼刺、骨头和面包屑之类恼人的东西，这真是无上的享受。

糜食

饮食的乐趣是生命中最持久的享乐之一。当一个人躺在医院的病床上，除了食物之外，他还能有什么欲望呢？然而，他或许无法协调自己的动作，不能够咀嚼和吞咽，生命的欲望渐渐消逝，为尽量延长患者独立自主的能力，也为减轻他的痛苦，一家日本医院想出一个办法：真正的饮食，也拥有食物真正的美味，把它们做成糜状，用一个个小钵子盛放。日本人喜欢的食物都可以在这些糜食中找到，甚至有泽庵———一种脆脆的腌萝卜。[①] 米糜上放着泽庵糜，让病人感觉自己真正在用餐，回忆起在自己家甚至童年时吃饭的滋味，这些味道唤醒了他的回忆和快乐。

在某个家庭成员即将住院前，一家人可以在院方的指引下参观医院和试吃病号饭！对于只能吃下既算不上"流质"也算不上固体的食物的人们来说，这真是个好主意！食物研磨器、搅拌器、少许明胶（琼脂，一种非常好的食材）、蛋白（富含营养的纯蛋白质）、一点点想象力……和很多快乐。鲑鱼泥、菠菜泥、水果泥，它们的味道能吸引任何人，包括健康无恙的人！这家医院的墙壁上挂满了绘画，还开了一家花园景观自助餐厅。卧床的病人被推到这里，可以享用咖啡"慕斯"、绿茶"慕斯"和巧克力"慕斯"：他们仿佛穿越了医院的墙壁来到外面的世界，感到无比幸福。

---

① 日本泽庵宗彭（1573—1645）来中国修习佛法，回国时把中国福建的黄土萝卜带到日本，后人为纪念他，将这种腌菜称为泽庵。——译者注

16. 宴饮交际和共同用餐

无比神圣的家宴

　　与他人分享饮食是一种社交行为，往往来自于深厚的传统习俗。既然美食与睡眠和真诚的朋友一样重要，"饮食之道"也就相当于"处世之道"或"享乐之道"。至于最为重要的家庭聚餐和好友之间的"美食分享"，虽然如今人们花在吃饭上的心思不如以前，但是共进丰盛大餐仍然是一种牢不可破的惯例。

　　究竟什么才是真正的处世之道？对客人彬彬有礼，不就是为他们准备美味精致的菜肴，让他们毫不勉强地自在就餐？客人们往往会勉强自己，以免触犯所谓的礼貌原则。

　　不妨用小盘子把各种菜肴放在一张桌子上，所有人围坐四周，自己动手选择菜肴。热烈的气氛、愉快的谈话，每个人都喜欢这样。好在，拘泥于虚礼的年代差不多要成为过去了，我们可以期待类似的聚餐越来越多。

没必要不顾一切地"光盘"

> 邀请别人来做客，意味着只要别人在我们的屋檐下，就要对他的快乐负责。
>
> ——布里亚·萨瓦兰（Brillat-Savarin）[①]

主人往你的盘子里盛饭，你不必全部吃光，这个糟糕的习惯必须终止。我们所接受的教导声称，盘子里剩下食物是一种罪过和浪费。但是我们还被教导，吃得太多也是一种罪过，而且更加严重：暴食不是七种恶行之一吗？你不必把主人提供的所有食物都吃光，也没必要为自己的拒绝做出解释。你不必总是试图讨好别人。饮食始终要依照自己身体的准则，符合自己的胃口和此时此刻的需要。要坚决摒弃别人按照礼节给你的食物，如果感到不愉快，就不要再吃了。有位新西兰的女性朋友告诉我，她的母亲教导她，肚子还略有饥饿感的时候就要离开餐桌。在她家里，餐后必须剩下食物，禁止用面包擦盘子。甜

[①] 布里亚－萨瓦兰（1755—1826），法国美食家和美食作家。——译者注

食也受到限制：每星期只能吃一颗糖。迈克拉（Michaela）做过时装模特，直到现在，她对于宴会和餐食的态度都相当节制。

真正的待客之道，是一种为客人着想的艺术，在细节上关心他们的舒适和快乐，特别要让他们彼此相处愉快。热情的款待，并不需要铺张浪费和丰盛菜肴。两种恰到好处的奶酪和一盅上等的红酒，或许能给客人留下难以忘怀的印象。

晚餐开胃菜

> 小花园，无花果，小块奶酪，再加上三五好友，这就是伊壁鸠鲁式的富足生活。①
>
> ——尼采，《漫游者和他的影子》

下面是我在巴黎吃到的第一份晚餐开胃菜，是我的朋友斯特凡纳做的。那顿晚餐我永远不会忘记，无论营养还是外观都

---

① 译文来自《人性的，太人性的：一本献给自由精神的书》下卷，尼采著，李晶浩、高天忻译，华东师范大学出版社，2008年，第704—705页。——译者注

尽善尽美。

- 一个蘑菇煎蛋；

- 一只鳄梨切成片，与几片薄脆饼干一同摆在白盘子里，他告诉我要把薄脆饼干掰碎撒在蔬菜上；

- 两粒鲜红欲滴的红菜头，舍弃惯常的块状而变换为球状；

- 少许酸醋调味汁；

- 一小碟奶酪，是康塔尔干酪和搭配百里香的山羊奶酪，来自本地最好的一家奶酪商；

- 一碗金橘、麝香葡萄和核桃沙拉，真是美味极了；

- 圣路易水晶酒杯和阿莱西（Alessi）甜品小刀叉，不仅精致优雅，而且尺寸与上菜使用的古旧点心碟子非常搭配；

- 洁白的老棉布台布，在自然褪色的木长桌一角折叠数层；

- 就餐时允许抽烟，香槟恣意享用；

- 柔和的灯光；

- 巴托克·贝拉（Béla Bartók）[1] 的音乐作为烘托。

---

[1] 巴托克·贝拉（1881—1945），匈牙利作曲家和钢琴家。——译者注

用点心碟子呈上简单入味的菜肴，水晶杯子和洁白的桌布，这一切伴着美妙的音乐和不刺眼的灯光，都很容易做到，但气氛真是棒极了！

居酒屋

> 一般的哲学都好似属于一种将简单的事情弄成令人难懂的学科……一般的哲学中虽用物质主义、人性主义、超凡主义、多元主义……什么主义等类的冗长的字眼……人类的生活终不过包括吃饭、睡觉、朋友间的离合、接风、饯行、哭笑，每隔两星期左右理一次发，植树、浇花，仁望邻人从他的屋顶掉下来等类的平凡事情。
>
> ——林语堂，《生活的艺术》

圣日耳曼大街上小克吕尼餐厅的一位侍者曾告诉我，日本客人点一份菜（例如一份煎蛋）会四个人分享，再上一份薯条香肠也一起分食：他们用自己独特的方式就餐，宴席式的共餐，而不是分餐，每个人都要照顾别人的食欲。对他们来说，聚餐有很多意义，饱腹并不是其中之一，或者不是主要目的。简单来说，与他人一起就餐只是为了分享快乐。

为了这一目的，在日本有个非常受欢迎的场合，可以会友，吃不吃饭都可以，可以饮酒，可以一起想待多久就待多久，那就是居酒屋。

或许有一天，居酒屋会像寿司一样在西方普及起来，因为它代表了一种理想的方式，可以与好友共度夜晚，一起饮酒、进餐，但都不会过量。可以在居酒屋吃点夜宵，不喜欢也可以不吃。人们在居酒屋碰头只是为了见面——他们通常在自己合适的时间来到这里——分享与朋友共处的快乐，不只是为了享用美食大餐。不过，既然在那里一起待上几个小时，而且通常是夜间，总会感到饥肠辘辘。那么可以根据自己的饥饿程度和口味点四五个小菜来填填肚子，不会像高档餐厅那样把钱包掏得一干二净，把胃塞得鼓鼓胀胀。

我永远无法理解，如何一边跟不熟悉的人没话找话，一边真正品尝美食……不过与真正好友分享几道小菜，的确是一种快乐。最重要的仍然是让自己开心，给朋友自由，让他们自己吃东西，会让他们感到舒服自在。这无疑会给友谊增添一种全新的质感。与令人愉悦的同伴一起吃一片面包，也好过勉强或为了工作原因或心情恶劣地大吃一顿。对我来说，饮宴不得其人，无论什么社会地位还是高超厨艺都不值一提。

17. 看不见的食物

> 灵魂绝不能在肉体面前让步。
>
> ——歌德

一餐的意义是什么?

> 生命自身迫使我们设定价值,倘若我们设定价值,那么生命自身通过我们进行评价。[①]
>
> ——尼采,《偶像的黄昏》

在大多数社会中,餐食是一种彰显社会阶层的方式。谈论

[①] 译文来自《西方传统:经典与解释·偶像的黄昏》,卫茂平译,华东师范大学出版社,2007 年,第 72—73 页。——译者注

"高级烹饪"，暗示谈论者有机会比较和评判各种珍稀昂贵的佳肴。无法拥有丰富选择的人，只能日复一日以单调的食物充饥，口味也不可能刁钻。此外，还有人出于伦理的原因饮食极少。对他们来说，人类进食的需求同时具有生理和精神方面的复杂目的。

内观：把食物视为别人的赠予

> 诋毁他人？
> 我用剥豆荚
> 来清洁灵魂。
>
> ——尾崎放哉[1]

日语里的"内观"是指一种冥想形式，可用于对轻罪犯人的治疗，也是闭关修行的法门。"内观"意为"对内心的观察"，秘诀在于通过回忆生命中重要人物的简单方法，在修行者

---

[1] 尾崎放哉（1885—1926），日本俳句诗人。——译者注

身上产生一种特殊的意识。

这种方法的创始人吉本伊信是净土真宗的狂热信徒。他鼓励爱和自我牺牲，声称佛陀运用这些德行帮助很多人走向光明。"内观"的训练需要长时间断食、禁欲和冥想。通过这种方法来更加清晰地认识到，食物和其他生活必需品是多么宝贵，它们也是他人的馈赠。

在餐前感谢恩典

> 米饭是美味的，
> 天空是蓝的，
> 真蓝。
>
> ——种田山头火

在就餐前感谢恩典，真诚说句"祝你用餐愉快"或者两手相合做出感激的手势，这是表达我们心中对享用丰富食物的感恩之情。它让餐饭变得庄重起来，使得餐前的活动和即将开始的就餐活动之间做一暂停。因此，就餐成为对别人为我们付出时间和精力的承认，这是生活审美和生活方式的重要因素之一。

在不同的社会中和不同的世界观视角下，食物带给人复杂矛盾的情感。不同的宗教可能要求禁食或盛宴，对食物抱有鄙视或颂扬的态度。各种宗教所共同谴责的，只有贪饮暴食。人需要自我约束。虽然印度饮食既丰富又美味，但是甘地面对饮食享乐表现得无动于衷："对待吃饭要像对待吃药一样，也就是说不要关心是否美味。要摄取身体所需的食物量。为了增加或改变味道，抑或掩盖食物的淡而无味而给食物加盐，也是对这一原则的破坏。"基督新教谴责盛会和欢宴。就算进食果腹这样的本能行为，也可能变得精致高雅，甚至被赋予文化和伦理意义。

18. 心灵的食粮

饮食哲学

饮食哲学适用于生活的所有方面, 你可以努力从每件事中获得快乐: 日常通勤、穿衣习惯、醒来后的最初思绪……有很多时机蕴藏着幸福的可能性。擅长"食疗"的中国人认为, 养生的人要口味清淡, 摒除思虑, 清心寡欲, 抑制情绪, 保存精力, 少言寡语, 看淡成败, 放下忧虑和困苦, 避免强烈的爱恨, 不要寻求视觉和听觉的刺激, 恪守内在的法度。避免殚精竭虑或扰乱心灵的人, 怎么会生病呢?

隐居和灵修

每一口进食都是把生活引向精神的具体方式, 因

为我们在食物中摄取看不见的物质：健康、力量和平

静的元素。

——马尔福德^①，

《普伦蒂斯·马尔福德散文集》

对有些人而言，吃面包、番茄，喝凉水就是一顿大餐。而有人如果不想想下顿饭吃什么，简直连一小时也过不下去。

进食不仅是一种身体机能，还属于神圣领域。约翰·布罗菲尔德（John Blofeld）在《瑜伽：智慧之门》一书中写道，道士的首要饮食准则就是清淡朴素：主食、豆汁煮的蔬菜、少量肉和鱼，搭配山上采集的散发芳香的植物（蘑菇、竹笋、栗子、浆果、核桃等）。对于道士来说，任何种类的食物都不会被禁止食用，不过很多修道者都深谙中国传统医学，了解各种食材，知道应该避免食用哪些东西。他们始终不渝的目标是延年益寿，同时保持旺盛的精力，最终磨砺灵魂和"羽化登仙"，像脱掉臃肿褴褛的旧衣一样抛弃肉体，飞升到天上的玉殿琼宫。

---

① 普伦蒂斯·马尔福德（Prentice Mulford, 1834—1891），美国作家。——译者注

他们小心避免任何过度的行为，包括过度的禁欲。

至于我们如今在食物上花费的过多心思，也是同样一回事。这种态度只能导致焦虑不安，身体和精神上的不适就像慢性毒药一样有害。

太姥山的隐士

> 神通并妙用，运水及搬柴。
>
> ——庞蕴（780—811）[1]，
>
> 节选自亨利·布吕内尔《禅宗故事集》

1989 年的一天，在中国某条山路上，《空谷幽兰》一书的作者比尔·波特（Bill Porter）在向导带领下出发寻找至今仍然生活着的隐士们，他们前往一个 85 岁老僧住的山洞。1939年，这个僧人梦到山里的鬼神请求他做它们的保护者，从此便隐居在那里。村民和弟子们给他送来极少的生活必需品。整整

---

[1] 庞蕴，字道玄，唐朝禅门居士，世传《庞居士语录》一书。——译者注

五十年他都没有下山，甚至不知道比尔反复提到的毛泽东是谁。他告诉别人，自己需要什么。

"东西不多，一些面粉、食用油和盐，还有每五年左右一条新毯子和几件衣服。"他说。

彼得·马西森

彼得·马西森（Peter Matthiessen）是美国自然主义者和小说家、《巴黎评论》的创刊人之一，曾经做过职业捕鱼人和特许捕鱼船的船长，后来获得禅师的称号。为妻子办完葬礼后，他在喜马拉雅山区进行了 250 英里的徒步跋涉。他朝着雪伊寺的方向行进，这座寺庙属于藏传佛教噶举派，地处青藏高原，他希望有朝一日找到避世而居的雪豹，甚至更难得一见的大师，大师的灵魂是世人追寻的对象。据他说，在水晶山上徒步跋涉的一个月间，他的食物是：

香肠，薄脆饼干，咖啡。

后来储备耗尽，就吃这些东西：

糖，巧克力，罐装奶酪，花生酱，沙丁鱼。

等到这些东西也没有了，只好拿下面的东西果腹：

带苦味的米饭，粗面粉，小扁豆，洋葱，几个土豆，没有黄油。

但是，他说自己每天都享受恩赐：

晚上朋友们的絮叨，芬芳的木头点燃的火堆，粗粝无味的食物，专心致志做一件事。

雷蒙德·卡佛

雷蒙德·卡佛（Raymond Carver，1938—1998）是诗人和短篇小说家，常被称为美国的契诃夫，他的朋友和伴侣、女诗人南希·加拉格尔（Nancy Gallagher）曾记下他的所谓"卡佛法则"："不要为遥远的将来保存物品，而是每天尽可能使用自己拥有的东西。"50岁的时候，医生说他将很快死于癌症。在最后的诗篇中，卡佛自问是否从生命中得到了想要的一切。"是的，"他回答自己，"我在人世间感受到别人的爱。"他继续写作、规划和充满期望。他去世后，加拉格尔在他的衬衫口袋里找到一份"遗愿清单"：

鸡蛋

花生酱

热巧克力

澳大利亚？

南极洲？

千利休和怀石料理

怀石在日语里的意思是"热石"，来源于过去日本僧人为了
消除饥饿感而在怀中放一块石头的习惯。后来这种做法演变为
一种异常简朴和高雅的料理，它不是为了果腹，而是为了让就
餐者感受食物对于生命的意义和简单的进食的乐趣。

生活似乎让我们日益偏离自己的精神需求，忧虑、束缚和
工作把我们淹没在物质世界中，生活的重担似乎让我们无法承
受。当责任压倒了希望、理想和生存的渴望，生活确实变得沉
重。因此我们意识到，自己吃什么似乎无足轻重。在一餐之
中，最重要的是为身体提供"心灵的维生素"，即保持精神愉
悦的刺激物。说到底，它们对于消化的意义比真正的维生素更
显重要。

精进料理：身体和心灵的烹饪

精进料理，在日语中意为"为了精神进步和虔诚的烹饪"。其目的是通过烹饪和进食，让信徒们实现精神上的进步。

这种料理训练要求参与者全身心付出并拥有极强的自控力，正是佛教禅宗两项至关重要的基本素质。食物要当季，种类要多样，要重视食材本身的味道，步骤不要烦琐，强调精确严谨，透过这些要求，是对生活的普遍欣赏，是对与外界保持和谐的进一步追求以及自身的完美协调。

这是一种真正简单朴素的训练（在禅寺里，即使厨余也会得到利用），一种具有神圣性的活动。同时也把生活变得不同寻常，并从中获得某种享乐。在进行这一训练时，切萝卜与诵经和冥想同样重要。审美、道德、伦理、健康、经济，一切都包含在其中。

精进料理的原则

- 优质的食材；

- 根据不同的季节，按照颜色排列食物；

- 禁止浪费。

这几条原则对日本料理在整体上有着极大影响。食物及其他相关事物，都应该得到我们对于生活的那种尊敬。制作精进料理的目的在于纯洁身体和心灵。按照季节来调配均衡优质的食物，每餐运用煮、烤、炸、蒸、炖五种烹调方法，呈上绿、黄、红、白、黑五种颜色和咸、甜、酸、苦、辛五种味道，具备信任、铭记、冥思、刚毅和明智五种道德，因此关心家人和自己的人，都会按照这些原则来购买和准备食材，进行烹制、摆盘和进餐，努力让自己被赐予的生活充满荣耀。

尽管我们现代人的生活变得无比舒适，但是禅的思想认为，我们日渐疏离自然环境，忘却了对四季的欣赏。我们逐渐忘记吹拂树梢的微风还有温暖和煦的阳光。欣赏绿树、鲜花和飞鸟，并不需要我们特别留意，也绝不是浪费时间：我们收获的是健康，而健康则是生命中一切幸福的基础。总而言之，这是为了维持生命的"均衡"。

滋养精神

> 修行中最要紧的事情是食物：何时进食，如何进食，为何进食。
>
> ——一位佛教法师

让人们始料未及的是，只为身体而进食不足以维持生命力。需要滋养的不仅是身体，还有精力和生气。疾病是精力的衰竭，对疾病的恐惧往往造成身体内部的阻塞瘀滞。安静从容是健康长寿所必不可少的要素，绝非朝夕之间的修为。压力（stress）这个词的历史并不长，表示在过度刺激下产生、对生命力造成扰乱或破坏的事物，正是"滋养生命"的对立面。食物（或更加宽泛的饮食方式）所应有的目标，首先要聚焦于发扬和保存生命潜力。因此一定要解除外界事物或烦恼忧愁的牵绊。无拘无束，尘埃落定。维护和"滋养"生命，正是宁静平和起到的作用。

19. 元气的饮食

追求幸福不能不顾一切代价

　　追求幸福非常耗费精力，因为追求就意味着努力拥有。幸福也暗含着不幸。饮食是件风雅的事情，也是由于追求和"拥有"的欲望之间存在偏离（不仅存在于物质方面），因而产生的一种转化。然而文明的前进方向与和平带来的满足感是背道而驰的。不顾代价地追寻幸福，要求人们不断地孜孜以求，追求的目标日渐远大，也日渐遥不可及。为了获得平静，要放弃目标，尽量保持轻松和警觉，避免自身的麻木和凝滞，尤其要维持自身（阴阳）平衡，避免各种压力。然而，不断地产生怀疑，追寻生命的意义和结果，在东方人看来是徒耗精力的。

158

强身健体，保存元气

> 有些隐士……有时候他们一天吃一顿，有时候三天吃一顿，有时候一个星期吃一顿。只要他们具备能够滋养内在的能量，就会活得很好，而不需要食物。他们也许会入定一天、两天，一个星期，甚至几个星期。①
>
> ——比尔·波特，《空谷幽兰》

中国古文字中，"气"（呼吸、精力）的写法为米饭上的蒸汽，表示它具有食物的属性。一切生物（植物、动物、人类）都必须补充营养。人之所以为人，在于能够暂时放弃饮食，进行思索和求知。

吸收天地、艺术和爱的能量，强健自己的身体、精神和心灵。天地富有教诲和美好，对人大有裨益。饮食不仅是一种维持身体的生存体验，也是对精神的发展和提升。人生的使命是

---

① 译文来自《空谷幽兰》，明洁译，南海出版公司，2009年，第93页。——译者注

我们唯一的责任，这一使命在于维持、发扬并全面展现我们天生具有的生命潜力。随时恢复你消耗的精力，激活你的能力，刺激你的感知，净化你的身体，摆脱一切负担和毒素。卸除一切造成能量损耗、占据和挥霍生命的"身外之物"。因此而保存全部的生命力并永葆青春。放松自我，聚焦于无损生命力的事物上，使得生命充满活力和焕然一新，达到一种不羁于外物，甚至对于过往和未来也毫不介怀的状态，就能化喧嚣为平静。平和寂静正是对生命的维持滋养。不仅要滋养有机的生命，还要滋养感官和精神的生活，才能获得充分发展，达到更高层次的觉悟，让自己充满活力，摆脱精神的麻木和愚笨。

结
束
语

滋养灵魂的可谓为神。

——柏拉图

如果吃得少而精，对世界和周遭的看法将发生变化，意识将更加敏锐，行动将更加有分寸而公正，对大自然、他人和自我也将抱有更加尊重的态度。

我们饮食的目的，首先是身心的健康，获得更加快乐和轻松的生活，一劳永逸地消除迄今仍然存在于很多人身上的营养不良、节食、热量、发胖、生病，以及精神上的强迫行为、压力过大和心理失衡。吃得少而精，你最终摄入的将主要是"灵魂的维生素"。

下面这段话出自历史上最早的一部烹饪书，是一位元代太医在 1330 年左右写的。①

> 善摄生者，薄滋味，省思虑，节嗜欲，戒喜怒，惜元气，简言语，轻得失，破忧阻，除妄想，远好恶，收视听，勤内固，不劳神，不劳形，神形既安，病患何由而致也。故善养性者，先饥而食，食勿令饱，先渴而饮，饮勿令过。食欲数而少，不欲顿而多。盖饱中饥，饥中饱，饱则伤肺，饥则伤气。
>
> ——忽思慧，《饮膳正要》

为半烹饪爱好者而不是美食家准备的清单

我在此按照自己的习惯列出一份清单，这些清单为我的生活提供便利，我也很想把它们分享给所有人，让所有人都能使

---

① 作者指的是元代忽思慧的《饮膳正要》，这段话为林语堂《生活的艺术》一书所引用。——译者注

用，无论是一份简单的蔬菜汤、一只大压力锅、一个搅拌器还是一只汤盘。因为，为一到两人准备饭菜的话，很显然需要一套精简、拥有多种功能而且使用顺手的高档厨具。太多人因为不了解或不感兴趣，不知道如何进行简便实用而且省钱的烹饪。要按照如下方法做：

- 一份"基本"食材和新鲜的半烹饪产品清单，这些食材和产品足以让我们做出所有已拟定菜谱上的菜肴；
- 每个人每种食物的食用量（乘以客人数量）；
- 这些菜谱所需的厨具和餐具清单；
- 简单烹饪所需的一些基本技巧。

足够制作所有菜肴的"基本"食材和新鲜半烹饪产品的购买清单

在超市或绿色食品商店购物

如果每月只买一次易保存的食品（调味品、牛奶、水、葡萄酒等），可以考虑把东西集中起来购买，因为消费 100 欧元以上可以免费送货上门，这让人感觉过着一种城堡主人的生活！

调味品及其他作料

- 橄榄油：既可拌凉菜，又可烧热菜
- 芝麻油（一小瓶）
- 香醋
- 白醋（一小瓶）
- 芥末酱
- 胡椒
- 盐
- 糖或蜂蜜
- 浓汤块（牛肉或鱼肉）
- 筒装的生姜粉
- 味噌（软管装或瓶装，红色或白色）
- 几种香料（科伦坡咖喱粉、印度咖喱粉、百里香、月桂、五香粉、大蒜粉或蒜泥酱、辣椒粉或辣椒酱）
- 酸黄瓜
- 蛋黄酱
- 脱水或新鲜的调味香菜

- 芝麻酱
- 芝麻粒（芝麻是最富于营养的食物之一，中国人视之为养生灵药！）
- 松仁
- 蚝油
- 一罐掼奶油（唯一一个之于神圣营养原则有所偏离的物品，但是谁受得了它的诱惑呢！）

基本食材

- 意大利面
- 大米
- 烤面包（薄脆饼干、面包干等）
- 面粉
- 细面条
- 玉米面（日本的葛根粉更佳，简直是健康妙药）
- 藜麦
- 豆类蔬菜（小扁豆、干芸豆）
- 一两包中国速食拉面
- 李子干和核桃

罐头及其他

- 罐头西红柿

- 罐头金枪鱼

- 罐头双孢菇

- 干蘑菇（羊肚菌、香菇等）

- 沙丁鱼

- 玉米

- 软管装的番茄酱

- 罐头肉酱

- 李子干或杏子干

饮料

- 葡萄酒

- 茶

- 药草茶

- 咖啡

- 水

- 一种烈酒（例如，用威士忌或朗姆酒兑出格罗格酒）

每星期在市场购物一两次

蔬果类

- 土豆
- 洋葱
- 火葱
- 大蒜（可选）
- 柠檬
- 混合调味香菜（至少三到四种，比如细香葱、香菜、小茴香、香芹……）
- 三种蔬菜（红、黄、绿色各一种）
- 一两种水果

蛋白质类

- 鱼或肉类
- 鸡蛋
- 牛奶
- 黄油
- 盒装法式酸奶油

- 一块帕尔马干酪（自己动手用擦菜板擦丝）

- 一两种久藏不坏的奶酪（羊奶酪或蓝纹奶酪）

- 白奶酪

- 培根（整块或切片）

- 火腿（整块的，可拌沙拉）

面包

按照每种食物和每份菜肴计算，每人的食用量清单（乘以客人人数）

当然，每个人的食量各不相同，这些测算是按照平均食量进行的，以防购买过多食材，也可以帮你规划一星期的需求。尽量准确地估算所需的食材数量，可以避免浪费，达到节省的目的，买太多和太少都是很麻烦的事。

肉类和鱼类：125—150 克（要把骨头、脂肪等边角料考虑在内，多计算 50 克）

扇贝：2 只

贻贝：300 克

小龙虾：2 只

芦笋：6 根

小豌豆：200 克（其中豆荚占 100 克！）

四季豆、西蓝花、抱子甘蓝、菠菜：100 克

干芸豆：50 克

小扁豆：80 克

意大利面、面条：煮前为 45 克，细意大利面就是用拇指和食指握住的一小把，面条则为半杯的量，或 60 克新鲜的软意大利面

大米：35 克（煮前为 1/4 杯）。

这些菜谱所需要的厨具和餐具清单

厨具和餐具

这份清单足够为一到两人准备饭菜（如果多准备一些菜品，还可以招待更多客人）。

准备菜肴所需要的厨具

- 一块切菜板

- 一把锋利的刀具

- 一只 200 毫升的量杯（装芥末酱的瓶子也可以，但要固定用同一只瓶子！带有刻度的不锈钢量杯是最理想的，它也可以用来做简单调味酱，打鸡蛋或稀释少量面粉……这只量杯要一直放在手边容易拿到的地方）

- 一双做菜用的筷子和一只叉子

- 三个分别为 4 升、6 升和 8 升的轻便搅拌盆（不锈钢、塑料、铝、玻璃）

- 一只极轻巧的 2 升不锈钢色拉盆（用来清洗菜叶、浸泡小抹布）

- 一只小漏勺（也可用来解冻食物或给食物降温）

- 一只四面可用的擦菜板

- 一台小型料理机，制作糖煮水果、调味汁和蔬菜泥

- 一把木质的抹子或勺子

- 厨房吸油纸

- 六条纱布抹布（32 厘米 ×32 厘米）

- 一把弯头刀，用于切柑橘、甜瓜等（像手套一样与水果的曲线完美匹配，而且不占空间！）
- 一把厨房剪刀，用来剪调味香菜、葱叶、鱼翅和小肉块
- 一只盐和胡椒研磨器：可以让你知道需要使用多少，避免浪费
- 一把组合开瓶器（也可用于开罐头）。

烹煮食物的五件必备器皿

- 一只厚底带盖的双耳锅（它的用途广泛，我自己使用 Cromargan 品牌的不锈钢锅，18 厘米 × 10 厘米）
- 一只椭圆小锅（我的"宝贝"：Staub 牌子的 1 号黑色椭圆铸铁小锅）
- 一只长柄平底锅，锅盖厚实，封闭性好（而且是理想的玻璃锅盖），直径 20 厘米，锅边高 5 厘米（也是一个适合炉灶的合理高度！）
- 一只有嘴的炖锅，带锅盖（直径 16 厘米，高 6 厘米）
- 一个可以放进双耳锅的竹篮，或一只恰好架在双耳锅上的蒸屉（Cristel 牌子的蒸屉很好用）。

保存食物所需要的物品

- 铝箔纸（要厚实而且质量好的）
- 保鲜膜
- 报纸（用于存放某些蔬菜）
- 玻璃碗（存放面粉和各种籽粒）
- 一只柳条小筐，集中存放各种香料和调味品
- 几个塑料保鲜盒。

就餐用品

- 一只长方托盘
- 一只大盘子（可用于单盘的简单或全营养的餐食、盛放国王饼[1]……）
- 一只盖饭碗[2]（600 毫升的漆碗）
- 一只汤碗（200 毫升）
- 一只饭碗（200 毫升）
- 几只小盅、茶碟、小碗，分别为半只柠檬、橙子和柚子

---

[1] 一种法式传统节日糕点，圆形的大酥皮饼。——译者注
[2] domburi，日式的丼，较大，可将菜覆于饭上。——译者注

大小

- 一只小甜品碟

- 筷子或一只甜品叉，但不需要餐刀（因为所有食物都
  事先切好了）

- 一只放在餐桌上的篮子，放面包、玉米卷、饼干等

- 一只小勺子

- 一根餐桌蜡烛和一小枝鲜花。

简单便捷烹饪的几种基本技巧

使用四面擦菜板

一个好用的钢制的四面大擦菜板可以代替很多厨房小物品。

擦丝最细的一面擦菜板可以削柑橘皮、肉豆蔻的核、坚硬的干酪等。

中等粗细的一面可以擦面包糠，用来包裹鱼肉或制作脆皮烘烤菜肴（也可以把面包糠冷冻保存）。

擦丝最粗的一面非常适合擦莫泽雷勒（mozzarella）干酪，

擦土豆丝做土豆饼，擦胡萝卜丝做沙拉，擦西葫芦丝做馅饼。

别忘了还有细长擦口的那一面，它能够很方便地把帕尔马干酪或冷冻的羊乳干酪擦成片来制作沙拉，或把切达（Cheddar）干酪擦成片来搭配吐司，它还能把蔬菜擦成全部相同厚度的小片。

蔬菜

西崦人家应最乐，煮芹烧笋饷春耕。

——苏东坡（1037—1101）

蔬菜常被认为是肉和鱼的陪衬，但它的地位被低估了。

蒸 菜

用漏勺或小竹篮放置于双耳锅中，锅里倒入 2 厘米的水（不要浸到蔬菜）。

炒叶菜（菠菜、卷心菜、西蓝花）

据说用中式铁锅炒菜是最健康快捷的烹饪方法。但是铁锅太大，使用、清洗和收纳都很不方便。一只足够深的小平底锅也能很方便地取代铁锅的功能。中国人有一种简单、健康又快捷的烹饪叶菜的方法：只需要把刚刚洗过还湿漉漉的菜叶"丢到"预热的、加了蒜末的油里，然后迅速盖上锅盖。菜叶很快就沾上热油，表面被烫熟，而保留了全部的维生素。可以用这种方法烹饪莙荙菜、菠菜、卷心菜、莴苣等。

蒸煮根茎类食物（胡萝卜、土豆、宝塔菜、芜菁……）

市场上可以买的一些"旧时"的蔬菜，比如洋姜和宝塔菜；它们可以简单地蒸一蒸、煮一煮，然后削皮，像土豆一样摆盘，配少许黄油、法式酸奶油或少许橄榄油和盐花。少量蓝纹奶酪也能提升这些蔬菜的档次。

生长在地下的蔬菜，如胡萝卜或芜菁，通常可以擦成丝生吃。而且据说烧熟后它们的口感会变甜——含糖量会显著增加，营养上不如生吃。不过，要煮食的话，可以把它们先放在冷水里，然后再开火。否则会外面熟而里面生！用叉子插一下看看有没有熟透。

其他蔬菜？做个简单的天妇罗

最后，如果家里有很多种蔬菜，最"奢侈"的做法是把它们切成一样尺寸（一口的大小），裹上冰冷的面糊（在冰箱里冻过），丢到一个很小的放着油的平底锅里（之所以用小锅是为了少用油），这样就可以做出美味的天妇罗了。哪怕是香芹叶子，也可以用这种方法做成美味。如果想做一份营养全面的菜，可以打开一罐沙丁鱼，用同样的方法烹饪。一碗米饭和一碟调味汁（一半酱油一半日式高汤——用日式高汤块调制），天妇罗蘸调味汁吃，夫复何求。炸好天妇罗的秘诀是：用新鲜透亮的油或两种油混在一起（比如芝麻油和葵花籽油）。

不用电饭锅（而是使用双耳盖锅）煮米饭

对于我这样一个极简主义者来说，不使用日本厨房"必备"的电饭锅来煮日式米饭的秘方，可谓我收到的最好礼物之一，因为我觉得电饭锅太臃肿而且不美观。其实不用电饭锅的话，在实际操作中很难把米饭煮得粒粒分明，晶莹剔透。这个秘方如下：

- 一只小双耳盖锅（直径 16—20 厘米）；

- 一张优质的铝箔纸（厚实，不容易撕破）；

- 加利福尼亚大米——如果买不到日本大米——是最接近

日本大米的品种（1 杯大米平均可以煮出 4 碗米饭）；

一遍遍淘洗大米，直到淘米水变清；把大米放入双耳盖锅，覆盖一指深度的水。用铝箔纸封住双耳盖锅边缘，以不漏气为准，开小火（电磁炉的第 3 挡）煮 45 分钟。这样的米饭最适合做饭团、寿司，而且要用筷子来吃。它保留了大米的所有香气，质感极佳。

煮种粒类食物（使用双耳盖锅）

藜麦，小小的印加珍宝

· 1/3 杯的藜麦；

· 1/4 杯的水；

把藜麦蘸少许油，然后倒入 1/4 杯水，盖上锅盖，用小火煮；在煮藜麦前，可以先煎一只洋葱；沸腾 3 分钟，同时进行搅拌，然后用文火慢炖 15 分钟。

玉米碴（使用双耳盖锅）

· 1/4 杯玉米碴；

· 1 汤匙黄油；

· 1 汤匙干酪碎；

· 1 汤匙罗勒末；

在 1 杯量的水中煮玉米碴 10 分钟，然后加入黄油、干酪和罗勒。

煮豆类食物（使用双耳盖锅）

小扁豆和碎豌豆

在炖锅中倒入 3 倍量的盐水，煮 20 分钟。

鹰嘴豆和干芸豆

在炖锅中倒入相当于鹰嘴豆或干芸豆 3 倍量的水，泡一晚上，煮 20 分钟。

煮汤的基本技巧（使用炖锅）

在锅里倒少许油，煎半只洋葱。加入蔬菜，煎至金黄。加水，如果喜欢也可以加一些浓汤块，用料理机打碎。

如果做更浓稠的汤（适合冬天喝），可以用蔬菜和豆类（小扁豆、鹰嘴豆、碎豌豆）。一碗汤就是一顿营养全面的美餐。

用法式铸铁小炖锅做饭

如果有这件宝贝，就不需要什么菜谱了。有很多足够一到两人使用的法式小炖锅，它们简直堪称神器：不管把什么食材丢到里面，都绝不会"搞砸"。方法很简单：用少许油来煎肉、鱼或蔬菜，加入1杯用红酒或水泡开的浓汤（浓汤块或浓汤粉），如果是肉或鱼，要加一两种蔬菜。好了，可以直接端到餐桌上去，打开锅盖，享用这份惊喜吧。配上剩余的意大利面、汉堡排以及一只西红柿，就是一顿美餐。

千变万化的酸醋调味汁

酸醋调味汁的基本配料是盐、胡椒、1咖啡匙的芥末酱、1汤匙的醋和3勺油。也可用柠檬汁代替醋，与白奶酪搅拌在一起，再加入软奶酪、火葱、香芹、各种调味香菜、洋葱片、辣椒等。

冷冻

冷冻显然是件好事，但只需把剩余食物冷冻保存。冷冻食物也不是一直不坏，我主要是把给4—6人准备的大量食物按照每人份分开冷冻保存。只要煮好后几个小时进行冷冻，日式米饭的冷冻和化冻都没有问题，面包也一样。冷冻的奶酪更加坚硬，更容易擦丝。冰柜里常备几块汉堡排或小豌豆，往往是很有用的。

避免把餐具弄得太脏

用隔水炖锅煮开盖的罐头。

有嘴的炖锅，把锅盖盖上，可以用来沥干蔬菜和意大利面，不需要漏勺。

用长柄平底锅煮意式细面条，用锅盖沥水，然后加酱汁配料。

关于本书中的菜谱

下文中的所有菜谱均为我日常烹饪使用，亲自采集自不同国家，按照西方国家容易获取的食材进行了改造（食材尽可能绿色健康，不含防腐剂和化学添加剂）。我没有提及任何速冻食品，但用速冻食品替代新鲜食材也并无不可。

任何菜谱都不必须使用电器，包括微波炉。所有菜肴都可以使用上文"清单"中列举的五种普通厨具（炖锅、双耳盖锅、长柄平底锅、铸铁小炖锅和蒸屉）。

这些菜谱都极简单，大多营养丰富，仅用到我所列举的食材，当然一些新鲜食材除外。

菜谱的分量都是一人份的。如果做两人的饭，就要把分量增倍（这样做总比把 4 人、6 人或 8 人的分量分开更加简便！）。

理想的做法当然是不提供任何分量标准，因为每个人都应该学会按照自己的判断、自己的口味和胃口来使用食材。但是为了给读者提供些许便利，我只好退而求其次，给出如下的分量标准和单位缩写：

200 毫升的 1 杯 =1C（英文的"一杯"）

1 汤匙 =1T（一汤匙）

1 咖啡匙 =1t（一咖啡匙）

纯天然蔬菜

茄　子

日本人保持茄子原味的秘密在于，顺着茄子切成 1 厘米厚的长条。然后在长柄平底锅里油炸，当茄子软透，熄火，加几滴酱油和姜末（某些商店里可以买到软管装的姜末）。

熟沙拉

剩余的生菜叶？在长柄平底锅里油煎一头火葱，放入沙拉。

然后可以加一些松仁，再用肥肉丁煎。如果单身一人，一整份沙拉很难在变质前吃完，这份菜谱可以有效避免浪费。

西蓝花

蒸熟，加入黄油和松仁。

科伦坡咖喱莙荙菜

100 克莙荙菜，半汤匙科伦坡咖喱粉。

把菜洗净，切成 1 厘米的小段，把菜叶切碎。长柄平底锅里倒入油，预热 5 分钟，把菜倒入锅内。当菜呈半透明状，加入科伦坡咖喱粉、盐和胡椒。搭配肉类装盘，或用小盅呈上。

蒜香油煎菜椒

把菜椒掏空、切开、洗净，切成厚条，用橄榄油和大蒜煎熟。

火葱拌小扁豆沙拉

打开一罐小扁豆，在漏勺里用流水洗一遍，拌入酸醋调味汁和火葱。

羊奶酪拌菠菜

洗净菠菜，不必晾干，倒入长柄平底锅中，与事先煸过的火葱一起翻炒。把羊奶酪和少许白奶酪捣在一起，加到锅里慢慢搅拌。

法式酸奶油胡萝卜

煮熟胡萝卜，拌入法式酸奶油和香芹。

韭葱沙拉

把韭葱切成 15 厘米的葱段并煮熟，或蒸熟更佳。淋几滴醋，趁着温热上桌。

菠菜和冻肉丁

一股脑儿丢到预热的长柄平底锅中，不需要放油、盐。

蚝油蔬菜

菠菜、莙荙菜、甘蓝、白菜，先用少许芝麻油煸一下大蒜，把洗过的仍带着水的蔬菜倒进锅里"翻炒"。立即把锅盖盖上，然后浇一汤匙用水稍微稀释的中式"蚝油"（避免吃过多盐）。

胡萝卜丝拌葡萄干沙拉

把半只胡萝卜擦丝，拌入柠檬酸醋调味汁（用柠檬汁代替醋），放入一些葡萄干、啤酒酵母粉等。

美味三蔬（芦笋、蒸土豆、西蓝花）

把一根芦笋、一只土豆和一小簇西蓝花上锅蒸熟，一起装盘，淋少许橄榄油，加盐和胡椒。

炒芝麻拌西蓝花

把西蓝花切片，用长柄平底锅煎炒，加入如下调料汁：酱油、芝麻、少许糖以及白芝麻（在长柄平底锅里干煸一下风味更佳）。

西芹叶炒鸡蛋

用长柄平底锅分开炒芹叶和鸡蛋，加入盐和胡椒后一起装盘。

蒸带皮的土豆

蒸熟土豆，切成四片后装盘，撒一些调味香菜，加入少许黄油、法式酸奶油和蛋黄酱。

蒸白萝卜

蒸两片白萝卜，然后在长柄平底锅里用黄油煎。依个人口味加盐和作料，浇一层法式酸奶油和肉豆蔻。

用长柄平底锅烧红栗南瓜

把红栗南瓜切厚片，用长柄平底锅煎，加少量水；盖上锅盖慢炖，直至南瓜厚片烧软。

用小炖锅烧红栗南瓜

把红栗南瓜切一口大小的方块（3厘米），放入小炖锅，加少量水、糖和几滴酱油，瓜块炖散之前关火。

用平底锅烧汤

中式鸡蛋汤

用一碗水煮半咖啡匙的浓汤块，用水泡一咖啡匙的玉米淀粉，加到汤里。打一只鸡蛋在热汤里，用筷子搅拌，撒些切细的调味香菜做点缀。

小茴香靓汤

把少量培根、几粒肥肉丁和 1/4 个切细的洋葱放在小锅里煎炒。加入一碗水和半个切丁的土豆。土豆熟后，放几片小茴香叶。

玉米汤或蚕豆汤

把一小罐玉米的 2/3 磨碎，加入一杯热牛乳、胡椒和盐，然后加入剩余的玉米粒，重新烧热。

蔬菜浓汤

各种浓汤的汤底大同小异：在热锅里放少量黄油或其他种类的油，煎炒几种蔬菜（卷心菜、洋葱、土豆、韭葱、白萝卜、胡萝卜、红栗南瓜、芦笋、蘑菇……）。依个人口味加入作料（比如少许浓缩番茄酱）。倒入料理机打碎。如果想获得更浓稠的口感，可以放一汤匙法式酸奶油。

螃蟹汤

用 200 毫升水煮一整只小蟹，把它打开一分为二，在汤里加一匙味噌和香葱末，做好后用漆碗盛汤。

味噌汤

- 味噌

- 豆腐（可切碎也可不切）

- 少许日式高汤

把豆腐块和 / 或其他两种食材（可以选择裙带菜、香菇、1/8 个洋葱或 1/8 个卷心菜，全部切成一样大小）放在 200 毫升水中，然后加一咖啡匙的味噌。为了增加滋味，可以加少量日式高汤块，撒少许香葱末作为点缀。

什锦菜汤

- 1/4 个胡萝卜

- 半个土豆

- 1 根葱叶

胡萝卜和土豆切丝，葱叶切碎，全部用水煮，煮熟后加入作料（盐、胡椒、黄油或法式酸奶油）食用。

蔬菜椰子咖喱

- 1 汤匙绿咖喱

- 半杯（100 毫升）罐装椰奶

- 半杯分量的番薯
- 半杯分量的什锦蔬菜（西蓝花、胡萝卜、西葫芦、四季豆……）

在锅中把咖喱酱一边搅拌一边加热 1 分钟。加入番薯、椰奶及 1/4 杯（50 毫升）水。盖上锅盖继续煮，再文火慢炖，直至番薯熟透。加入其他蔬菜继续煮 5 分钟，当番薯软烂成泥后起锅。

用铸铁小炖锅慢炖而成的简单菜肴

嫩牛肉卷

把一枚水煮蛋依次用一层生火腿片、一层巴约纳火腿（Bayonne Ham）、一层小牛肉片包裹起来，用细绳扎好。用少许油煎至金黄，然后在铸铁小炖锅里放极少量水，慢炖 40 分钟。如果喜欢，也可以在快炖好时放些蘑菇或其他蔬菜。

冬雪汤

- 1/4 杯分量（50 毫升）的鹰嘴豆
- 1 杯（200 毫升）水
- 少许浓汤块

- 1/4 个切碎的洋葱
- 一块带骨的熏火腿
- 半个胡萝卜
- 半根西芹

把鹰嘴豆洗净，加入除胡萝卜和西芹外的所有食材，用小火炖 40 分钟。去除火腿的骨头，把火腿肉弄碎，加入胡萝卜和西芹，继续炖半小时。

可以搭配薄脆饼干或全麦面包片享用。

红烧肉

在锅里煎 1/4 杯量（50 毫升）的糖。当糖开始变红时，加入 100 克的新鲜猪胸肉块，要搅拌均匀。加水漫过肉块，再放 2 枚水煮蛋。加入少量酱油、花椒和姜末调味。趁热或放凉后就米饭食用，可以保存数日，堪称便当佳品。

猪肋骨

- 1 根猪肋骨
- 100 克罐装奶油蘑菇
- 80 克罐装小豌豆

- 少量切成薄片的洋葱

把所有食材倒进小炖锅，炖 45 分钟。

番茄猪肉

用小炖锅煎一根猪肋骨。加入大蒜或两三只罐装的小番茄一起煮，然后慢炖 2 小时 30 分钟。出锅前加鲜奶油，用大火收汁。

咖喱牛肉

用小炖锅煎炒几块牛肉，放盐、胡椒，盖上锅盖。加入半杯分量（100 毫升）的干鹰嘴豆和半杯分量的红栗南瓜块。用水化开少量咖喱粉，倒入锅中，小火慢炖 40 分钟。

牛肉汤

- 适合炖汤的牛骨
- 调味香料束
- 1 只洋葱切片
- 半杯分量的蔬菜丁（胡萝卜、西芹……）

一起炖至肉烂骨脱，再把汤用滤篮过滤。

用长柄平底锅烹制的简单热菜

柠檬牛肉烧鱿鱼

把 80 克的鱿鱼切段,锅中放少许黄油、柠檬汁、盐和胡椒进行煎制,搭配香芹一起盛盘。

炒 饭

在平底锅里煎半个洋葱,取出。炒一只鸡蛋,取出。炒 1 杯分量(200 毫升)的"隔夜米饭"(煮熟后在冰箱放置 24 小时以上),然后把其他食材倒入锅中,加盐和胡椒。

汉堡排煎蛋

把汉堡排和鸡蛋拌在一起,加盐和胡椒,煎至两面金黄。

芥末籽酱煎牛排

牛排或汉堡排不要用油煎,而是在锅中放 1 汤匙的芥末籽酱,然后煎牛排。不知为什么没有早些想到这个办法:真是太好吃了!芥末籽酱为其增添了一种新奇的质感……

土豆饼

用擦菜板的粗洞把土豆擦丝，在长柄平底锅中像煎薄饼一样煎土豆丝，加盐和胡椒。

蒲烧沙丁鱼

沙丁鱼去除内脏，切为两片，裹上玉米粉，拍扁，油炸。然后浸入调味汁（酱油、清酒、糖）。盖在米饭上，配熟芝麻和海苔。

芦笋培根

2根芦笋煮熟，各切为3段。薄培根一切为二，把每段芦笋卷起来。用牙签固定，煎至金黄。

面包糠烤鱼

1片鱼脊肉擦净吸干，撒盐和胡椒。

1汤匙面包糠：把硬面包碎成粉，或用1汤匙玉米面拌入少许面粉增加黏度。

用中火烤，加柠檬汁、番茄酱或罗勒香蒜酱调味。

韭葱煎蘑菇

取几只新鲜或罐头双孢菇，洗净切片，以及一小根葱白，在长柄平底锅里倒些油，然后放入食材。也可以倒一瓶酸奶，使口感更加软滑。

多样煎蛋

西红柿、洋葱、火腿、菠菜、虾……

烤三文鱼块

· 120 克新鲜三文鱼

鱼皮朝上放入锅中，不要翻面。加入柠檬汁、粗盐、淋少许橄榄油。用酸醋调味汁蒸的韭葱一起享用则滋味更佳。

西葫芦丝煎蛋

把半个西葫芦擦成丝，与一只鸡蛋拌在一起，放入锅中煎。

肉末土豆泥饼

把肉末、土豆泥和半只切碎的洋葱在一起拌匀，放入锅中煎。

牛排和天使细面煎蛋

一把天使细面，放在一碗热水里吸水。半小时后，把细面切成 2 厘米的小段，加入打开的鸡蛋和汉堡排一起搅拌。放少许鱼露、盐、糖，两面煎。

菠菜炒蛋清

炒一只打散的蛋清放在一旁备用。几片菠菜叶加入盐和胡椒翻炒，把菠菜盛盘，蛋清翻炒成小球状作为点缀，仿佛白色的金合欢花。

炖杂菜

煎半只洋葱，加入一只切成片的西红柿，1/4 只切成圆片的西葫芦（或黄瓜）。放入大蒜、盐、胡椒和干酪碎调味。

混合冷菜沙拉

夏季小虾沙拉

· 20 只左右小红虾

· 半只柚子切片

- 半只鳄梨切成小块

盛盘，配白酸醋调味汁（或配 1 咖啡匙的蛋黄酱，加少量牛奶）或半个柠檬的柠檬汁。

小虾冷盘

把蛋黄酱和番茄酱拌在一起，与虾一起盛盘。

大虾橙子沙拉

橙子切块，小虾或大虾去壳

调味汁：柠檬草、花生碎、鱼露、米醋

把这份沙拉盛在半只橙皮中。

罗勒番茄鞑靼（不用肉也能做出好吃的鞑靼）

- 3 只番茄
- 半个火葱
- 少许罗勒
- 大蒜
- 盐和胡椒

番茄去皮切块，用叉子压扁成小饼形状。加入其余食材，在冰箱里放置 2 小时。

土豆熏鲱鱼

把少量鲱鱼（或鳟鱼）肉与熟土豆、切碎的火葱和橄榄油拌在一起。

意大利细面条冷盘

把火腿丁、黄瓜片拌在一起，加入意大利面。与调味汁一起上桌（油、红酒醋、红辣椒粉、柠檬汁、罗勒叶、大蒜、盐和胡椒）。

熟卷心菜沙拉

煮熟几片卷心菜叶，把水挤干，切成小片，与盐、蛋黄酱、罐装玉米和火腿拌在一起，趁新鲜上桌。

"三丁"沙拉

火腿丁、西芹丁和苹果丁。加入核桃仁和一种白酸醋调味汁（1 汤匙蛋黄酱和 1 汤匙牛奶）。

菊苣和罗克福尔干酪沙拉

把菊苣切成小片，配核桃和调味汁。调味汁的配料为 1 汤匙捣碎的罗克福尔干酪、芥末酱、橄榄油和柠檬汁。

西芹柚子沙拉

把半根西芹茎和半个柚子切丁，用油、白醋和盐拌出调味汁。

熏三文鱼番茄沙拉

用小盘盛一片熏三文鱼，搭配洋葱片、番茄片、橄榄油和半个柠檬的柠檬汁。

小豌豆和鹰嘴豆沙拉

拌入切好的火葱、香芹碎和酸醋调味汁。

料汤煮鱼

准备料汤（调味香料束和整个洋葱），把鱼放入沸水中，关火，盖上锅盖焖4—5个小时（也可以在保鲜盒里焖）。将鱼白以同样方法烹饪，一同盛盘，并配上"柠檬黄油"调味汁或火葱蛋黄酱。

牛腿排沙拉

125 克冷的牛腿排切薄片，摆在凉菜拼盘上，加少许橄榄油、柠檬汁和小茴香。

生卷心菜沙拉

把 1/10 个生卷心菜切成细丝，加入一个煮蛋、少量玉米粒或米饭，以及半汤匙蛋黄酱和半汤匙酸奶调制的调味汁，一起搅拌。

土豆沙拉

一只煮熟的土豆粗略捣碎，一只煮蛋捣碎，1/4 个小黄瓜切成薄片，半汤匙蛋黄酱以及半汤匙牛奶或酸奶。

调味汁、蘸料和腌菜

腌 姜

相当于 1 汤匙切得薄薄的姜片。煮熟，加 3 汤匙米醋，2 汤匙糖和少许盐。放凉，把水沥干，在冰箱里放置数日。

日式卷心菜、白菜、黄瓜或茄子腌菜，用于便当或日式米饭

一两片白菜叶，切碎，加几只小米辣和少许盐。搅拌，冷藏 2 小时。

用于拌凉菜的各种酸醋调味汁

可以在普通的酸醋调味汁里加进白奶酪、酸奶、少许鲜奶、调味香料、煮鸡蛋碎、柠檬汁、刺山柑花蕾……可以尝试各种组合。烹饪高手的秘方在于，加入一点点隐藏的滋味，诸如蜂蜜、果酱、一小块水果、一块凤尾鱼……

用于熏三文鱼、金枪鱼和黄瓜的保加利亚调味汁

酸奶、柠檬和芥末酱。

白酸醋调味汁

2/3 的酸奶和 1/3 的蛋黄酱拌在一起。

英式卤水汁

1 汤匙美极鲜味汁（Maggi Mix），加入 5 汤匙水，搅拌，加热。

洋葱蘸料

- 1 汤匙法式酸奶油
- 3 汤匙的小袋装洋葱浓汤粉。

罗克福尔干酪调味汁（配菊苣食用）

1 汤匙白奶酪、1 咖啡匙罗克福尔干酪碎，再拌入几粒捣碎的核桃仁、醋和细香葱。

用于烤牛肉或牛排骨（巴西烤肉）的巴西调味汁

- 2 汤匙酱油
- 一瓣捣碎的大蒜
- 一整个柠檬的柠檬汁

腌制一夜，滋味妙不可言……

芝麻凉拌卷心菜、菠菜、莙荙菜、黄瓜、土豆条、四季豆……

粗略捣碎 2 汤匙的芝麻籽（不放油，盖上锅盖，用平底锅煎熟），倒入 1 汤匙芝麻酱、半汤匙酱油和 1 汤匙糖。也可以把芝麻替换为花生或核桃仁。

蒜末黄油

- 软黄油
- 半瓣大蒜捣碎
- 1 咖啡匙柠檬汁
- 少许香芹碎。

洋葱酱（适合烤牛排）

- 1 只洋葱切碎
- 1 汤匙香醋
- 6 汤匙红糖
- 2 汤匙橄榄油

油煎洋葱，加入醋和糖，搅拌至果酱状。

蒸土豆调味汁

- 半汤匙法式酸奶油
- 半汤匙奶油奶酪
- 1 汤匙调味香菜叶。

蜂蜜酸醋调味汁

- 2 咖啡匙蜂蜜
- 1.5 汤匙第戎芥末酱
- 2 汤匙醋（最好用白醋）
- 1/3 杯橄榄油。

白　汁

- 1 汤匙黄油
- 1 汤匙面粉或玉米粉
- 半杯（100 毫升）牛奶

文火化开黄油，加入面粉搅拌，缓缓浇入牛奶，烧 2 分钟。

适合烤肉、鱼肉等的浓汁

蔬菜（西红柿或西蓝花、蘑菇、去皮的茄子）：翻炒搅拌，加盐、胡椒、大蒜和少许橄榄油。可以加 1 咖啡匙玉米淀粉或竹芋粉勾芡。这种根茎粉对健康非常有好处，日本人将其作为药材。

鹰嘴豆泥

- 150 克鹰嘴豆

- 半瓣大蒜捣碎

- 1 汤匙柠檬汁

- 1 汤匙芝麻粉

把全部食材用料理机搅碎或用叉子捣碎，然后搅拌。

泰式甜辣酱（适用于意大利天使细面沙拉、炸蔬菜饼……）

- 1 汤匙糖

- 1 汤匙青柠汁

- 4 汤匙鱼露

- 新鲜辣椒切碎（可选）。

甜品

红酒梨

把梨子切为两半，加 1/4 杯红酒煮。可以加少许糖和桂皮。盛出，喷上掼奶油。

金橘水果沙拉

- 5 个金橘切为两半

- 几粒核桃仁
- 5 粒麝香葡萄切为两半
- 1/4 个橙子榨出的橙汁。

煮苹果梨汁

把半个苹果和半个梨放在锅里煮，搅拌捣碎，加入桂皮提味。

香料李子干

- 5 个李子干
- 30 毫升红酒
- 1 汤匙糖
- 1/4 根桂皮

文火烧汁，然后加入李子干，再煮 20 分钟。

全世界最简单的曲奇

- 1/4 杯量的花生酱
- 1/4 杯量的砂糖
- 半个鸡蛋

搅拌，在盖上锅盖的平底锅里用极小的火两面煎。

巧克力慕斯

秘方：极新鲜的鸡蛋和一小撮盐，把蛋清打为雪花状。如果没有电动打蛋器，可以用普通打蛋器在一个又高又细的容器里操作。阅读黑巧克力包装纸上的制作方法，把用料量除以 8。

巧克力煮梨

- 1 块黑巧克力
- 50 克法式酸奶油
- 半咖啡匙速溶咖啡

把巧克力、酸奶油和咖啡一起搅拌融化，倒在煮好的梨子上（梨子去皮，切为四片，去籽，在沸水中浸 2 分钟）。

橙汁桃子

沸水煮桃子，放凉后去皮（皮已经是玫红色的了），切为两半，浇上橙汁，撒上薄荷碎。

椰蓉饼干

- 250 毫升一盒的浓缩奶，取 1/4
- 30 克捣碎的椰蓉

把食材搅拌，用一只小匙压成小饼状，在盖上锅盖的平底锅里用极小的火煎（更确切来说是使之脱去水分）。

烧香蕉

把香蕉顺着切条，平底锅中事先放油撒糖，然后放入香蕉条。在锅中翻面，加入朗姆酒点火。

无面团法式反烤苹果派

把一只苹果切成 1 厘米厚的苹果片，在锅里熔化 2 汤匙的糖。开始冒泡的时候，倒入 2 汤匙黄油，然后放入苹果片。小火烧 15 分钟，不时地小心搅拌。

圣诞红果羹（德国北部特色）

锅里倒水，把 150 克新鲜或冷冻的莓果（去核的樱桃、醋栗、覆盆子或黑加仑、越橘、草莓）放入水中煮，加一小汤匙砂糖，再加半咖啡匙用少量水调开的玉米淀粉。当锅中汁水呈珠状滚动时就关火，喷上掼奶油或放一粒奶油冰激凌球，撒少许薄荷碎做点缀。

开胃小食

加热沙丁鱼罐头

与烤长棍面包片一起享用。

开胃沙丁鱼吐司

一罐油浸沙丁鱼，洗净擦干。捣碎，拌入少许黄油，抹在薄脆饼干上。

面包、橄榄油和帕尔马干酪

在一只小钵子里搅拌橄榄油、盐、胡椒和2汤匙干酪碎，用小面包块蘸着食用。一边吃这个，一边喝香槟，十分开胃（吃过后让人感到腹中满足）。

帕尔马干酪熏火腿

熏火腿上淋些油，撒上帕尔马干酪碎。

茴香酒烧大虾

油煎一根火葱，放入四只大虾和胡椒。煎熟后浇入一汤匙茴香酒并点火，加法式酸奶油，盛出。

香肠、卷心菜叶和土豆

用一杯水煮一整片卷心菜叶和香肠，煮 4 分钟，沥干水分，与一只蒸土豆和少许芥末酱一起盛盘，配上一杯啤酒，真是无上的享受！

米饭和三文鱼籽

盛一碗热乎乎的日式蒸米饭，上面盖 2 汤匙新鲜三文鱼籽和几片绿莹莹的细海苔片。

去壳蜗牛

取 100 克罐装或瓶装蜗牛，洗净。用小锅煎，加入法式酸奶油、大蒜和香芹。用碗盛出，趁热上桌，搭配烤过的长棍面包。

一碗餐食

越南牛肉粉

腌制 120 克牛肉薄片，调味汁为 1 瓣大蒜、少许柠檬草和

4 汤匙鱼露。把 1/3 个胡萝卜擦成粗丝，放几片切成条状的生菜叶和几片切碎的薄荷叶。

在热水中泡开一把中国米粉或意大利天使细面，沥干水分，细细切断，在平底锅里把肉煎好。所有食材拌在一起，盛出，撒上花生碎。

泰式炒金边粉

在热水中浸泡米粉，沥干。用大蒜炒几片牛肉或豆腐，放在旁边待用。再用这只锅煎炒一些蔬菜（豆芽、洋葱芽等），煎一张薄薄的煎蛋，切成小片待用。炒米粉，加入鱼露、糖、醋、香料、青柠汁，接着放入蔬菜、煎蛋、牛肉和花生碎。可以用虾代替牛肉，用煮蛋代替煎蛋。

核桃调味汁意大利面

煮意大利面和几根嫩芦笋，加入大蒜、核桃碎、盐、胡椒和橄榄油搅拌。

火　锅

用小炖锅炖 150 克瘦牛肉（牛肩肉、前腿肉、牛脸肉），用双耳盖锅煮胡萝卜和土豆。用大碗把所有食材盛出，浇少许蛋黄酱（在这道菜里，土豆代替面包，充当淀粉类食物）。

新鲜羊奶酪和菠菜意大利面

- 意大利面
- 新鲜羊奶酪
- 菠菜切碎
- 大蒜、罗勒、香芹
- 盐和胡椒

以上煮好盛出，撒少许羊奶干酪碎。

蟹肉意大利面

- 法式酸奶油
- 柠檬皮
- 100 克蟹肉

用平底锅翻炒蟹肉、酸奶油和柠檬皮，把这调味汁拌到热腾腾的意大利面里。

日式亲子丼（鸡肉和鸡蛋盖饭）

- 50 克鸡肉，切成 2 厘米见方的鸡丁

- 半个洋葱，切成半厘米宽的丝

- 3 厘米的葱叶

- 1 个鸡蛋

- 1 碗米粉。

调味汁

- 1 汤匙酱油

- 1 汤匙白砂糖

- 1 咖啡匙日式高汤或水化开的高汤块

用一大勺水化入高汤，煮洋葱和葱叶，然后加入鸡肉、糖和酱油，盖上锅盖焖烧。鸡肉熟透后，把打好的鸡蛋浇到鸡肉上，铺满锅底，再盖上锅盖。等锅底的鸡蛋熟后，关火，继续焖煎蛋。把菜盖到一大碗饭上，此时煎蛋还是溏心状态，热乎乎的米饭最后会让鸡蛋熟透。可以在碗里放两根切成段的芦笋，使得营养更加全面。

速食意大利面

任选培根、风干番茄、虾、蘑菇和鳄梨中的一种或几种，用长柄平底锅翻炒，同时用双耳盖锅煮意大利面。用碗盛出，撒上帕尔马干酪。

虾和鳄梨意大利面

- 100 克意大利面
- 50 克煮熟的大虾
- 半个熟透的鳄梨
- 少许辣椒
- 少许橄榄油
- 盐和胡椒。

便当

除了流质的食物，所有正常的餐食都可以用来制作便当。传统的便当中，三分之一是日式米饭（参见日式米饭的煮法），不过如今的日本年轻人喜欢吃西式便当：混合沙拉、四方形三明治……

一般来说，便当是头天晚上的晚饭，事先留出一些食物，每种食物都不多，均为一口分量，放在冰箱里冷藏（在便当盒里互相分开，以防串味儿，用塑料纸或葱叶隔开）。只有米饭是当天早上煮好，趁热在出门前放到便当里的（日式米饭需要煮 40 分钟）。不过，如果你有微波炉或 8 分钟速热米饭，也不是不能用……

搭配米饭的小分量食物举例

- 冷餐肉
- 一片橙子
- 一只酸黄瓜
- 两三个抱子甘蓝
- 一只大虾
- 一块熟土豆
- 一片煮蛋
- 一小块汉堡肉煎蛋
- 一个栗子
- 一根切为 3 段的芦笋
- 一块奶酪
- 一块烤鱼
- 两粒核桃仁

- 一片火腿
- 一汤匙少盐的奶油烙鳕鱼，与土豆和火葱拌在一起，浇上酸醋调味汁
- 几根西芹、生胡萝卜……
- 带豆荚煮熟的新鲜豌豆、四季豆……
- 小扁豆烙饼
- 三文鱼碎撒在米饭上（煎一些三文鱼，使之足够干燥并且细碎，可以放进玻璃瓶中，在冰箱里保存一个星期）
- 肉丸或鸡肉丸
- 熟的红菜椒丝
- 西蓝花
- 芝麻
- 蘑菇
- 小块番薯
- 半个塞火腿煎蛋的熟菜椒和以四季豆、冬菇、胡萝卜条为馅的炸豆腐卷
- 熏鳗鱼
- 一勺干芸豆，浇酸醋调味汁
- 芝麻菠菜

- 番茄酱鱿鱼
- 烤比目鱼块

什么食物都可以接受……重要的是用当季、多样和新鲜的食材。

几种"改良"便当

夏季便当：鸡肉塔布雷沙拉、葡萄干、萝卜丝，或是用米饭或意大利面沙拉（用蛋黄酱和切细的蔬菜拌沙拉）当中的一种搭配火腿或冷吃的鱼肉（熏三文鱼片、熏鳟鱼……）

冬季便当：猪排饭。猪排是用猪肋排肉裹上面包糠油炸，切成条（1厘米×5厘米），浇上一种糖浆状的调味汁，这种调味汁以日本调料店中可以买到的酱油和蜂蜜为主要配料。猪排饭便当颇受欢迎，切成细条的猪排满满地盖住米饭。

把土豆蒸熟捣碎，与煮鸡蛋和黄瓜片拌成沙拉，放少许蛋黄酱、盐和胡椒。

搭配米饭，可以用一些菜花撒上蛋黄酱、小炸鱼、半个鸡蛋煎熟并裹2只虾、1个圣女果、5粒蚕豆、煎三文鱼块、1粒梅干。

一层米饭，上面的1/3盖上炒蛋；1/3盖上炒四季豆，四季豆要带着豆荚切成菱形，在平底锅里煎炒，并配少许黄油和胡椒；1/3盖上汉堡排，汉堡排用1汤匙酱油和2汤匙糖烧熟，并沥干汁水。

三明治

地道英式三明治

黑面包、黄瓜、奶油干酪或熏三文鱼（6厘米见方）

或

白面包、熏火腿、煮蛋、蛋黄酱、豆瓣菜、切达干酪、芥末酱（都切成同样大小）。

三明治创意

萝卜丝、奶酪、生菜和蛋黄酱三明治；

培根、生菜、挤干汁水的西红柿片三明治；

熏三文鱼拌奶油干酪（或马斯卡普尼干酪）和生菜。

萝卜丝和冷餐肉皮塔饼

萝卜丝、鸡蛋碎、蛋黄酱和一片切碎的冷餐肉拌成沙拉，塞入皮塔饼中。

三文鱼皮塔饼

- 少量熏三文鱼

- 浓稠的法式酸奶油

- 豆瓣菜

把上述 3 种食材叠放，塞入一张皮塔饼中。

最后，要说一下我梦寐以求的早午餐……

- 早晨刚产下的新鲜带壳鸡蛋煮 2 分 45 秒，刚出炉的面包切成细长面包条，搭配布列塔尼黄油和盖朗德（Guérande）盐之花；

- 自家种的西红柿，搭配酸醋调味汁——4 种调味香料、黑胡椒和白胡椒、泛着晶莹绿光的橄榄油，其来源至少是四百年树龄的橄榄树，这样的橄榄油可以在专门的橄榄油商店买到；

- 普通的清水，不需要冰（14 度）；

- 脱水的天然植物，在自家泡 4 分钟，做成药草茶。

这岂不是至高的享受？